国家科技重大专项"难抽煤层增渗关键技术（2016ZX05045004）"项目
重点研发计划"煤层瓦斯赋存参数的地面准确测定技术及装备（2018YFC0808001）"项目
重庆市英才计划"服务矿井大数据的瓦斯参数测定技术革新创新创业研发团队"项目

煤层瓦斯含量井下测定技术

隆清明　张宪尚　张　睿　著

应急管理出版社

·北　京·

图书在版编目（CIP）数据

煤层瓦斯含量井下测定技术／隆清明，张宪尚，张睿

著．－－北京：应急管理出版社，2021

ISBN 978 - 7 - 5020 - 8640 - 4

Ⅰ.①煤…　Ⅱ.①隆…　②张…　③张…　Ⅲ.①煤层瓦

斯—瓦斯含量—测定技术　Ⅳ.①TD712

中国版本图书馆 CIP 数据核字（2021）第 008119 号

煤层瓦斯含量井下测定技术

著　　者	隆清明　张宪尚　张　睿
责任编辑	成联君　尹燕华
责任校对	邢蕾严
封面设计	候丽娟

出版发行　应急管理出版社（北京市朝阳区芍药居 35 号　100029）

电　　话　010 - 84657898（总编室）　010 - 84657880（读者服务部）

网　　址　www.cciph.com.cn

印　　刷　北京建宏印刷有限公司

经　　销　全国新华书店

开　　本　710mm×1000mm$^1/_{16}$　**印张**　15　**字数**　284 千字

版　　次　2021 年 2 月第 1 版　2021 年 2 月第 1 次印刷

社内编号　20201672　　　**定价**　58.00 元

前　　言

　　瓦斯含量是瓦斯治理、煤层气开发的关键基础参数。随着矿井机械化、智能化的发展和《防治煤与瓦斯突出细则》《煤矿瓦斯抽采达标暂行规定》《煤矿瓦斯抽采基本指标》等法规标准的执行，对瓦斯含量测定频率、范围等提出了新的要求。

　　本书对目前矿井应用较好的瓦斯含量测定技术、定点取样技术进行了总结分析，力求为现场瓦斯含量测定技术人员和科学研究人员提供参考。全书共分为七章，第一章为绪论，第二章和第三章介绍了井下反循环钻进取样理论和钻具研制，第四章介绍了煤屑瓦斯含量解吸扩散基本理论及影响因素，第五章重点介绍了煤层瓦斯含量井下直接测定技术，第六章介绍了煤层瓦斯含量间接快速测定技术，第七章介绍了现场实验与总结。

　　本书的第一章、第四章由隆清明、张宪尚编写，第二章、第三章由张睿、隆清明编写，第五章、第六章、第七章由隆清明编写，最后由隆清明定稿。

　　本书得到了国家科技重大专项"难抽煤层增渗关键技术（2016ZX05045004）"、重点研发计划"煤层瓦斯赋存参数的地面准确测定技术及装备（2018YFC0808001）"和重庆市英才计划"服务矿井大数据的瓦斯参数测定技术革新创新创业研发团队"项目的资助。在编写过程中得到了重庆大学胡千庭教授，中煤科工集团重庆研究院有限公司文光才研究员、孙东玲研究员、赵旭生研究员、康建宁研究员及同事的支持和帮助，在此表示衷心的感谢。

　　煤层瓦斯含量测定方法的理论、技术及装备还在不断发展完善，许多内容有待进一步探索研究，加之本人水平有限，书中难免存在不足之处，恳请读者提出宝贵意见。

作　者

2020 年 10 月

目　　　录

第一章　绪　　论

第一节　瓦斯含量测定背景及意义

　　能源是人类社会生存发展的重要物质基础，关系到国计民生和国家能源安全。煤炭是我国的主体能源和重要的原材料，但我国煤炭资源赋存条件复杂，灾害威胁严重，极大地制约着煤炭工业的发展。我国90%以上的矿井为瓦斯矿井，瓦斯事故频发。2008—2017年，全国煤矿共发生瓦斯事故862起，死亡4061人。瓦斯事故一直是煤矿安全生产急需解决的难题。在政府强有力的监管监察和多项政策的支撑下，我国煤炭行业治理瓦斯的能力大幅度提升，瓦斯事故起数和死亡人数逐年下降（图1-1），但占煤矿事故的比例持续稳定在30%左右。近年，国家实施供给侧结构性改革的战略决策，国家安全生产监督管理总局也提出了"机械化减人，自动化换人"的新要求，在这些方针的指导下，煤矿生产科学技术水平得到了极大的提升，新型、高效、智能型的采掘装备大量涌现，无人化采煤工作面得到快速发展。随着我国煤炭开采向数字化和信息化的精准开采方向发展，对瓦斯含量测定数量、频率、范围等也提出了新的要求。抽采达标的煤量应满足快速生产的要求，抽采达标检验时间也应尽可能缩短。为满足瓦斯抽采的需要，瓦斯抽采基础参数的确定也应高效、快速、准确。其中煤层瓦斯含量是

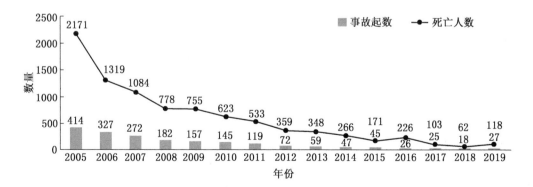

图1-1　2005—2019年瓦斯事故总体情况

瓦斯治理和煤层气开发的关键基础参数,《煤矿安全规程》《防治煤与瓦斯突出细则》等法规标准均要求测定煤层瓦斯含量。因此,准确快速测定煤层瓦斯含量对于实施科学的矿井瓦斯治理、煤层气开发、瓦斯事故预防等均具有重要的意义。

第二节 瓦斯含量测定研究现状

根据测定原理可将煤层瓦斯含量测定方法分为直接法和间接法。直接法是通过向待测点煤层取煤样测定煤样中除损失量外的所有瓦斯解吸量,其中,通过研究密闭取样直接测定煤样的瓦斯解吸量,煤样的瓦斯解吸总量即为测点的煤层瓦斯含量;或者通过研究快速取样、降温取样等方法减少取样期间的损失量,并利用后续瓦斯解吸规律建立瓦斯损失量推算模型,将推算出的损失量与直接测定的瓦斯解吸量相加即为测点的煤层瓦斯含量。直接法具有测定准确性较高的特点,是目前应用最多的方法,但其测定时间较长、测定成本较高,使其难以成为经常性大量测定的方法。密闭取煤样测定瓦斯含量技术,存在取样器结构复杂、稳定性差、维护难、易损耗等缺陷,限制了其推广应用。推算损失量的解吸法测定煤层瓦斯含量技术主要应用于地勘过程中测定煤层的瓦斯含量,重点研究了损失量补偿、残存量测定等,形成了国际和国内标准,在取样可靠性和测定准确性方面还有待深入研究。井下煤层瓦斯含量直接测定方法是借鉴地勘过程解吸法和煤层瓦斯含量测定原理发展形成的,近年来国内以重庆煤科院的 DGC 型井下煤层瓦斯含量直接测定技术为代表,通过粉碎煤样简化了原有实验室测定残余瓦斯含量的方法,测定时间由原来的一周以上减少到小于 8 h,大幅度缩短了瓦斯含量的测定时间,误差小于 7%,但误差是与间接法现场对比得到的,验证的可靠性有待进一步探讨。

间接法是通过测定与瓦斯含量相关的一些参数后,利用这些参数与瓦斯含量的关系间接计算得到瓦斯含量的一种方法,如 Langmuir 法、间接推算法等,如何提高测定数据的准确性和可靠性成为该方法的研究重点。Langmuir 法是根据单位分子层吸附模型的 Langmuir 方程,在实验室实测煤质参数及瓦斯吸附常数,依据测得的煤层瓦斯压力确定瓦斯含量的方法。但在地勘期间利用钻孔测压时存在封堵困难、测定工作耗时费力等问题,限制了此方法在地勘过程中的应用,因此该方法主要应用于生产矿井。物探测井的间接测定法是建立起瓦斯含量与物探波谱特征值间的关系,通过测井实现瓦斯含量的测定。我国一些瓦斯地质人员在煤层瓦斯含量实测资料的基础上,综合考虑地质条件、开采深度、瓦斯涌出量等多种因素的非线性及模糊性关系,依托瓦斯地质学基本理论,融合数学方法、人工智能等新技术，建立新型瓦斯含量预测模型，形成多因素间接预测瓦斯含量法。潘和平等以解吸法测定煤层含气量为基础，利用测井资料分析煤层灰分、碳含量，实现煤层含气量的估算。赵秋芳等采用矿井震波探测技术探测了原位煤体震波波谱，认为煤层瓦斯含量与固有主频线性相关，为煤层瓦斯含量测定提供了新思路。这种方法在大面积定性预测煤层瓦斯含量方面效果比较显著，但对于特定地点煤层瓦斯含量精确测定并不理想。

1981 年，Smith 等在忽略残存瓦斯含量的基础上，提出了通过测定风排渣煤样的瓦斯解吸规律得到瓦斯解吸量的方法。该方法是通过测定表面时间率 STR [$STR = (T_S - T_D)/T_S$] 与损失时间率 LTR ($LTR = T_S/T_{25\%}$) 进行计算得到煤层瓦斯含量，其中 T_D 是开始钻进取样到提钻结束时间，T_S 是钻进取样到煤样密封的时间，$T_{25\%}$ 是钻进取样到 25% 的瓦斯气体解吸所用时间。通过 STR 与 LTR 的拟合关系得到修正因子 N，则瓦斯含量为可解吸瓦斯含量的 N 倍，该方法虽然准确性较低，但提出了依据煤层瓦斯解吸规律与含量的关系间接计算瓦斯含量的新思路。"七五"以来，沈阳煤科院根据瓦斯含量与解吸速度之间存在着线性关系，利用瓦斯解吸特征指标 V_1 值、K_1 值计算煤层瓦斯含量，成功研制了 GWRVK – 1 型等压瓦斯解吸仪、定点煤样采取器，建立了煤层瓦斯含量与脱离煤体 1 min 的解吸速率的线性关系，由此计算得到瓦斯含量，并成功研制瓦斯含量快速测定仪 WP – 1。大量实践表明，不同破坏程度的煤，采用固定回归系数得到的测定结果存在较大差异，马合意等考虑衰减系数、瓦斯含量与解吸特征值 K_1 等参数之间的关系得到新的关系式。白三峰等通过测定不同阶段的瓦斯含量，通过实验室及现场考察各个量与煤层瓦斯含量进行多元线性回归，建立了煤层瓦斯含量快速测定模型，实现了含量 1 h 内的快速测定。仇海生等研究了通过煤屑初期的瓦斯解吸指标来确定瓦斯含量的方法。Black 等分析了不同测定阶段瓦斯含量所占总气体含量的比例，并建立煤样瓦斯初始解吸速率与气体含量之间的相互关系，实现煤层瓦斯含量的快速评价。这些方法都是建立起表征瓦斯解吸规律单参数或者多参数与煤层瓦斯含量之间的关系，达到了快速测定的目的，但未考虑各参数之间的相关性以及与煤层瓦斯含量的关系，采用的煤样相对单一，且缺乏理论支撑，同时现场取样技术也未达到工业应用，但煤层瓦斯含量间接快速测定已成为当时亟须解决的问题。

一、瓦斯解吸规律研究现状

吸附瓦斯的煤样暴露于低气压或高温环境中，吸附瓦斯就会从煤样中解吸出来，单位质量煤样解吸瓦斯量与解吸持续时间的关系称之为瓦斯解吸规律，一般认为，煤对瓦斯的吸附和解吸可近似看作一个可逆过程。瓦斯解吸规律是煤层瓦斯含量直接测定过程中损失量推算的基础，也是依据解吸规律间接计算瓦斯含量的基础。

1. 瓦斯解吸扩散规律理论研究

煤中瓦斯解吸的过程可认为经历扩散和渗流两个过程，扩散的动力是浓度差、渗流的动力是气体压力差。瓦斯在煤中的扩散是指煤基质孔裂隙内表面吸附的瓦斯气体分子经解吸在浓度差的驱动下运移到节理系统的过程。大多数研究者认为瓦斯气体分子在颗粒煤中的运动符合 Fick 扩散定律，杨其銮、王佑安在煤屑为球形均质以及瓦斯扩散遵从连续性定理的假设条件下，利用热传导方程建立球形颗粒煤的瓦斯解吸扩散数学物理模型，并得到了扩散模型为第一类边界条件的解析解；聂百胜等则考虑到煤屑外的边界吸附瓦斯浓度与瓦斯自由气体浓度的传质过程，得到扩散模型的第三类边界条件下的解析解，并利用传质 Biot 数和傅里叶准数分别描述了煤屑瓦斯扩散中内外传质特征以及瓦斯浓度场随时间变化的规律。易俊等基于煤中的孔隙非均匀、多尺度特点的基础上，利用双孔裂隙扩散模型来描述煤中瓦斯解吸扩散规律。同时，Smith 也认为双孔裂隙扩散模型修正后能够较好地描述煤屑中瓦斯解吸扩散特征。聂百胜、何学秋等基于煤中微孔隙尺寸大小及气体分子运动平均自由程的相互关系，根据气体分子在煤中孔裂隙管道中的扩散模式，提出了瓦斯气体分子在煤中的扩散有晶体扩散、表面扩散、诺森扩散、过渡扩散以及菲克扩散 5 种模式。Ruthven 将平行板等温吸附动力学问题的研究成果拓展到解吸扩散描述中。Krishna 基于气体在孔裂隙管道中多种扩散模式，依据串并联电路的相关原理建立了组合扩散模型，该模型较好地描述了组分混合气体在多孔介质颗粒内部的扩散行为。Fedotov 认为多孔介质中的扩散行为是分子随机运动碰撞的结果，基于随机游走模型和 Knudsen 扩散特征，并建立了描述吸附扩散的数学模型。Duong 研究了气体分子在多孔介质中扩散的动力学特征，得到了不同颗粒形态的扩散模型的解析解，并利用与曲度相关的参数修正扩散等效半径，这些都为煤屑瓦斯解吸扩散规律的理论研究提供了新的思路。

2. 解吸规律影响因素作用研究现状

在煤屑瓦斯解吸规律测定研究过程中，存在着很多瓦斯解吸规律的影响因素，国内外学者对影响煤中瓦斯解吸及扩散因素进行了大量的理论探讨和实验。

1）煤的变质程度

煤的变质程度影响着瓦斯的生成、赋存和运移，我国煤类丰富，镜质组最大反射率（$R_{o,max}$）为 0.3% ~ 11.0%，目前瓦斯吸附解吸扩散规律的研究多集中于对烟煤与无烟煤的研究，通过实验研究不同变质程度煤的瓦斯解吸量变化规律，寻找研究煤的变质程度对瓦斯解吸规律的影响。霍永忠认为煤阶是影响煤储层气体解吸效率的重要因素。许江等认为煤的孔隙随着煤的变质程度越高越发育，进而导致煤的渗透率也越高。李景明等认为随着煤变质程度的提高，瓦斯解吸时间及解吸量都显著增高。陈振宏等认为低阶煤的瓦斯解吸效率远高于高阶煤。张登峰等通过研究甲烷气体分子在不同煤阶煤内部的扩散行为，认为有效扩散系数与煤阶呈现 U 形关系。

2）煤破坏程度

在成煤过程中，煤层因地质构造运动作用受到不同程度上的破坏。我国现行的《煤与瓦斯突出矿井鉴定规范》将煤体的破坏类型划分为 5 类，一般而言，煤体破坏类型越高，煤的坚固性系数（f 值）越小，瓦斯放散能力越强，瓦斯放散初速度越大，瓦斯放散速度随时间衰减也越快。温志辉通过对不同破坏类型构造煤瓦斯解吸量的数据分析，认为瓦斯解吸初速度与构造煤的破坏类型有关。在相同的温度、粒度、平衡压力等条件下，对于同一煤层的软、硬分层煤样而言，硬煤的初始瓦斯解吸速度远小于软煤，初始瓦斯解吸速度随着构造软煤破坏程度的增高而增大，但解吸速度衰减也越快。陈昌国、鲜学福等学者基于破坏煤体微观结构的研究成果，得到了破坏煤体瓦斯解吸规律的三参数模型。富向、王魁军等通过实验研究了不同破坏类型煤样瓦斯解吸规律，认为用 Fick 定律比 Darcy 定律更适合描述构造煤在应力降低或解除后的瓦斯运移规律；通过研究构造煤初期瓦斯解吸速度规律，认为文特式更适用于表征瓦斯突出过程中的瓦斯解吸扩散规律。杨其銮等认为煤的瓦斯扩散系数与解吸速度随着破坏类型升高而增大，当煤的破坏类型较低时，利用均质扩散模型描述煤的瓦斯解吸扩散过程更适合。前述的研究基本上是依据实验室研究成果总结出的结论，但由于实验室与井下现场条件上的差异，很难定量描述煤的破坏类型对瓦斯解吸规律以及对扩散系数的影响。

3）环境温度

关于环境温度对瓦斯解吸过程的影响，何满潮等认为温度升高是诱发煤样中吸附瓦斯大量解吸的因素之一，温度升高导致煤层气分子运动的内能增加，进而提高气体分子从煤基质表面的脱附能力；在低应力时，由于受到煤体膨胀的影响较小，增量更为明显。王鹏刚认为温度升高促进了瓦斯解吸作用。王兆丰等研究低温环境下煤屑瓦斯解吸规律，温度对解吸量影响显著，温度越低解吸量越小。李志强等建立温度影响下的扩散方程，数值模拟分析温度对扩散全过程特征影响。简阔等探求温度对构造煤煤层气解吸初始阶段瞬时特征的影响，发现煤层气最大瞬时解吸量随着温度的升高呈减小趋势。牛国庆等采用实验手段测定煤样瓦斯在吸附和解吸达到平衡状态过程中的温度变化规律表明：煤体吸附瓦斯是放热过程，而瓦斯解吸则是吸热过程；温度变化幅度与瓦斯压力变化幅度呈正相关关系；吸附时，吸附能力越强的气体放出的热量越多，解吸时吸收的热量也越多，对煤与瓦斯突出过程的热力学研究提供了基本依据。刘纪坤等拟合了不同压力条件下煤体瓦斯解吸过程温度变化曲线，所得曲线符合指数函数，且降压解吸温度降低显著。马东民等认为温度对高阶煤的解吸效果影响尤为明显，提高储层温度有利于降低煤储层排采过程中的煤基质收缩负效应，改善储层渗透率。张美红等认为解吸量、扩散速度、初始有效扩散系数、扩散动力学参数以及总扩散量随温度的升高而增大。刘彦伟等揭示了温度对煤屑瓦斯扩散动态过程的影响作用机理，温度升高促使孔隙扩张，增强了甲烷分子的运动活性，提高了瓦斯气体分子在煤屑孔隙中的扩散能力。

4）孔隙结构

煤的孔隙是在成煤过程中形成的，是瓦斯气体的主要聚集场所及运输通道，是研究瓦斯气体的赋存状态与煤基质间的相互作用以及解吸、扩散和渗流的基础，现有研究结果表明，煤的孔隙结构是影响瓦斯吸附、解吸及扩散过程的主要因素，煤体的孔裂隙结构与煤化程度以及破坏类型存在着密切关系。苏联的霍多特根据孔隙结构与瓦斯气体分子随机运动的相互作用，将煤的孔隙结构分为 5 类，并得到众多学者的认同；李小彦认为煤中瓦斯气体的扩散速率主要受孔径大小的控制；聂百胜等认为瓦斯气体分子的平均自由行程和微孔裂隙尺度分布情况是影响瓦斯气体在煤层中扩散的主要因素。陈瑞君等认为孔隙结构特征因煤而异，是影响煤层瓦斯赋存储藏及运移的关键内在因素，实验结果表明高含烃煤样的孔隙更具有多样性的特点，并将煤孔隙结构划分为开放型、过渡型、封闭型。孔隙结构反映了煤层瓦斯气体运移的难易程度，也在一定程度上反映出瓦斯突出灾害发生的难易程度。范俊佳、琚宜文等认为对于同一组煤，破坏类型是决定煤孔裂隙结构的主要因素，Ⅰ类和Ⅱ类煤层中以吸附孔占主导；Ⅲ类煤层的中孔、大孔增多，但是孔隙之间的连通性较差；Ⅳ类煤层具有吸附孔较多、渗透性较好的特点；而Ⅴ类煤层的中孔较发育，吸附孔及大孔不发育，孔隙连通性差。郭立稳等实验研究煤中一氧化碳气体扩散，认为其扩散过程主要受过渡孔及微孔控制，过渡孔的增加有利于一氧化碳气体的扩散，而微孔的增加则不利于其扩散；随着煤中孔隙内比表面积的增加，一氧化碳的扩散量具有先减小后增加的趋势，与煤中孔隙比表面积及分形维数呈二次曲线关系。霍永忠等认为孔隙结构是气体压力梯度驱动瓦斯气体在煤储层系统内运移的决定性因素。郭晓华等认为煤的孔隙特征与煤与瓦斯突出存在着密切关系。

5）吸附平衡压力

多数学者认为煤样吸附瓦斯气体的平衡压力越大，瓦斯解吸速率及初始有效扩散系数也就越大，随着瓦斯吸附平衡压力的增大，暴露初始时刻煤的瓦斯解吸量较大，解吸速度较快，解吸量趋于平衡的时间也较长。杨其銮等通过实验研究了北票、红卫等矿井煤样的瓦斯解吸扩散规律，结果表明：瓦斯解吸初速度值随着瓦斯吸附平衡压力的增大而增大，但其对瓦斯扩散系数的影响不大。林柏泉等学者通过实验研究认为，煤体透气性随着瓦斯吸附平衡压力增加而减小，不利于煤层瓦斯气体的解吸。钟玲文通过实验研究了温度和压力综合作用下的煤样瓦斯气体吸附量，在较低温度和压力条件下，瓦斯压力对煤样吸附特性的影响大于温度的影响；反之，在较高温度和压力条件下，温度对煤吸附特性的影响要大于压力的影响。H. F 雅纳斯认为，瓦斯吸附平衡压力与解吸速度之间存在着幂函数关系。Bielicki 等通过实验研究认为煤中瓦斯气体扩散系数随吸附平衡压力的增大而增大；Crank 通过计算得出煤中瓦斯气体的扩散系数随瓦斯压力变化的表达式；日本学者渡边伊温认为瓦斯吸附平衡压力对煤屑瓦斯气体扩散系数的影响程度有限。

　　6）粒度、粒形

　　关于粒度对煤屑瓦斯解吸规律的影响，杨其銮等通过实验研究，认为煤屑存在一个极限粒度，在极限粒度范围内，瓦斯解吸强度及衰减系数随着煤样粒度的增大而减小，当超过极限粒度时，粒度对瓦斯解吸强度和衰减系数的影响作用不再明显，但是该极限粒度会因煤的物理化学特性及破坏程度的不同而有所不同。聂百胜等通过实验证明初始有效扩散系数随着煤样粒度的增大而增大，而瓦斯解吸速率及动力学扩散参数则减小。李一波等认为瓦斯解吸初速度随煤样粒径变化呈现出对数函数的变化关系。王玉等认为在同一放散时间内，瓦斯放散量随粒度的减小而增大、随扩散系数的增大而增大。刘彦伟通过实验研究煤屑瓦斯解吸扩散规律与粒度的相关关系，表明：有效扩散系数及瓦斯放散初速度差值随粒度的减小而减小，而瓦斯扩散参数则增大；当煤屑粒度减小到一定程度，软、硬煤的瓦斯扩散速度和扩散系数差距不明显。李建功从理论上通过不同扩散坐标系探讨了煤屑颗粒形态对瓦斯解吸扩散规律的影响。粒度越大，瓦斯残存量越大。粒度对瓦斯解吸规律的影响，停留在定性解吸规律描述方面。

　　3. 解吸模型研究

　　国内外很多学者对煤的瓦斯解吸规律进行了大量的研究工作，总结得出了丰富的经验 - 半经验型解吸理论公式，比如：孙重旭式、巴雷尔式、艾黎式、乌斯基诺夫式、王佑安式、文特式、博特式、指数式等。这些经验 - 半经验型解吸公式是根据不同实验条件总结得到的，各公式之间在一些特定环境下存在着相互转化关系，但在描述煤的瓦斯解吸扩散规律普适性方面存在一定的不足，如艾黎式可以较好地描述瓦斯解吸过程，但明显地低估了初始阶段的瓦斯解吸量；巴雷尔公式并不适用于构造煤瓦斯损失量的推算；幂函数公式比较适合描述煤样暴露后

60 s 内的瓦斯放散速度。根据瓦斯解吸量与时间的函数关系，可将经验解吸公式分为两类：幂函数式与指数式，两者分别适用描述长时间的瓦斯解吸规律和初始阶段的瓦斯解吸规律。煤样的破坏程度对通过半经验公式推算瓦斯损失量的精度有着较大影响。富向等学者通过实验研究认为，幂函数式与指数式对煤样暴露 15 s 后瓦斯解吸规律有着较好的拟合效果，但在 15 s 以前，只有幂指数式与实测值有较好的拟合效果。Waechter 等通过多项式拟合初期瓦斯解吸数据，以提高损失瓦斯含量测算的精确度。

二、井下取煤样技术研究现状

取煤样是煤层瓦斯含量直接法测定和许多井下间接测定法的重要环节，也是影响测定精度的一个关键步骤。煤矿井下取煤样主要分为钻屑法取煤样和取芯管取煤样两大类。钻屑法主要是通过螺旋、水力或压风排粉取煤样，主要用于采煤工作面、煤巷掘进以及石门揭煤时的煤层瓦斯含量测定。虽然钻屑法取煤样工艺简单快捷，但钻取的煤样易受孔壁残粉污染，造成煤样钻取时暴露时间无法精准计时，从而影响到瓦斯损失量的推算结果。取芯管取样法，主要用于较坚硬以上煤层顺层或者穿层上向钻孔取芯，但时间过长（40 m 深一般需要 40 min 左右），易造成取样期间较大量的瓦斯解吸损失。

沈阳煤科院利用压风引射形成负压实现了钻孔定点取样，但取样孔深难超过 30 m，未得到大面积推广应用。胡千庭等利用新开发的取芯装备——双管双动力取芯管，取芯过程中，通过风水联动取芯工艺，使外管与内管之间间隙输送气水雾给取芯管降温，降低了取芯过程中的瓦斯解吸速率，实现了井下直接取芯测定煤层瓦斯含量，测定精度大幅提升，测定时间能控制在 8 h 以内，但软煤取样成果率低。邹银辉等在总结已有各种取芯技术的工艺缺陷的基础上，利用钻孔引射原理，成功研发了 ZCY 型取样装置，该装置使井下压风借助引射原理产生负压，从孔底快速抽吸出新鲜煤样，以达到定点测定煤层瓦斯含量的目的，由于孔底固气比变化大，导致成功率偏低。袁亮等针对淮南矿区煤层较松软的特点，利用反循环取样原理，提出了复式管变压流取样工艺，实现了定点取样，并将取样时间从传统岩芯管取样技术所需的 30 min 缩短到 5 min，但现场应用过程中最大取样孔深仅 65 m；反循环取样具有快速、定点和取样孔深大等优点，为井下取样提供了新的研究方向，但由于理论研究不足、钻具设计欠缺等因素导致稳定取样孔深度通常在 40 m 左右，难以满足深孔取样要求。齐黎明等通过研发新型的密闭取芯装置，在取样过程中实现了孔底钻取包裹煤样，使煤芯在提取过程中几乎完全处于密闭状态，最大限度地减少了取样环节煤样瓦斯解吸的损失量，提高了测定的准确性。

三、反循环钻探技术的研究现状

在钻探施工过程中传统的循环方式是将循环介质由钻杆中心通道泵入孔底，然后从钻杆与孔壁的环状空间返回孔口，同时将孔底的钻屑排出，这样的循环方式称为"正循环"；而反循环则是将循环介质从钻孔环空（或双壁钻杆的内外管环空）泵入孔底钻头处，然后携带钻屑从钻杆的中心通道（或双壁钻杆内管的中心通道）返出孔口，具有边钻进、边取样的连续钻探功能，大大提高了施工过程中的钻进速度和排渣能力。反循环钻进在煤矿井下应用较少，但利用反循环钻进原理进行井下取样具有一定的可行性，澳大利亚联邦科学院在淮南进行了探索，实验表明原理可行，但钻具有待进一步优化。

反循环钻探技术的研究始于20世纪40年代。随着各界人士、有关专家及学者几十年的钻研与改进，该技术已取得了一系列的研究成果。反循环钻探技术通常采用单层、双层或三层钻杆，但以双壁钻杆最为普遍。该技术按照反循环的形成方式可分为泵吸反循环法、喷射反循环法、气举反循环法、水力反循环连续取芯法、中心取样反循环法。其中，中心取样反循环法在固体矿产勘探的应用最为广泛；按照循环介质可将反循环钻进分为水力反循环、空气反循环、无泵反循环、喷射反循环和气举反循环钻进等；按照循环模式可将反循环分为孔底局部反循环和全孔反循环两种。

我国于20世纪50年代开始采用全孔反循环和无泵孔底反循环钻进，并设计和研制了一连串封闭式的孔底反循环钻具，解决了一些矿区和矿种的取芯问题。经过近十几年的探索，我国的科研专家在喷射器原理的基础上又研制成功了喷射式孔底反循环钻具（喷反钻具），使反循环钻进技术迅速得到了发展和推广。此后，在我国地质部勘探技术研究所的带领下，各方局队相继研制出了弯管型喷反铁砂单管钻具（辽宁式）和分水接头型喷反铁砂单管钻具，并在1965年全国探矿工程学术会议上，将各地的研究成果及应用经验编印成册发行全国，进而使得喷反钻进技术在全国更加蓬勃发展。到了20世纪80年代中期，我国引进了在国外广泛应用的C.S.R中心取样钻进工艺方法及相应的钻具设备，同时也在国内开展了相应的科研工作，并获得了一定的成效，但是由于国外钻孔直径偏大导致的设备配套技术不足，最终未能在国内得到广泛应用。直到20世纪90年代初，地矿部考虑将C.S.R技术国产化，开始设立攻关项目，并委任中国地质科学院勘探技术研究所为研究的主干力量，致力于解决CSR中心取样钻进工艺方法中无法获取柱状岩矿芯、样品存在混样、极复杂地层难以钻进以及不能完全满足我国地质人员的分析要求等问题。此外，地矿部还委托原长春地质学院探工研究所在"七五""八五"期间承担研制"贯通式潜孔锤反循环钻具系统"和"贯通式潜孔锤反循环连续取芯（样）钻进工艺"两大重大科技攻关项目的研究课题，分别研制成功了"GQ - 200 型贯通式潜孔锤"和"100/44 口径的贯通式潜孔锤及钻具系统"，进而解决了贯通式潜孔锤反循环连续取芯钻进、复杂地层勘探钻进、护壁和取芯（样）等问题，为我国未来钻进工艺的发展奠定了坚实的基础。迈向 21 世纪后，国家地质调查局再次立项支持吉林大学建设工程学院针对"系列贯通式潜孔锤反循环钻进研究及应用"进行研究，经项目组专家学者的努力，完成了对潜孔锤的理论研究和参数优化，以及室内电算仿真软件的修改完善，最终研制出了 11 种型号的系列化贯通式潜孔锤（含反循环钻头）和 5 种规格的双壁钻具，并在钻探工程实践中取得了良好的试验成果。直至今日，吉林大学建设工程学院以殷琨等为代表的学者们仍一直对贯通式潜孔锤反循环连续取芯钻进技术的钻头结构设计、理论、机理和应用等参数进行大量的研究、优化和创新，并取得了丰硕的成果，使得我国在该项技术上始终位列国际先进水平。另外，国内的反循环技术研究单位除吉林大学外以宣化苏普曼公司、长沙天和钻具公司和廊坊中国地质科学院勘探技术研究所为代表，他们的研究成果大部分是以采用外部喷射与上下封堵的双重模式形成反循环。

国外的反循环钻探技术起步于气体钻井。"Tricone & Drag Bit Drilling"是最早出现的空气反循环钻探技术，由 Bruce Metzke 和 John Humphries 在西澳大利亚的 Kalgoorlie 生产设计，想法来自美国石油工业偶尔使用的钻管结构，它们在钻进过程中使用双壁钻杆与有导流罩的牙轮钻头形成反循环，即采用三牙轮钻头或刮刀钻头纯回转钻进的反循环中心取样技术。此方法常用于软岩或中硬地层，尤其是在砂岩、页岩、煤矿等地层钻进，机械效率很高，同时能实时取样，岩粉岩样无污染。因为钻进效率低，此种反循环方法不适用于硬岩层；到了 20 世纪 80 年代初期，美国、加拿大等国家发明了至今仍在广泛使用的技术——双壁钻具潜孔锤反循环取样钻探技术，即 CSR（Center Sample Recover）钻探方法。该技术与常规钻探技术最根本的区别在于它改变了冲洗介质的循环途径，以其特有的双壁钻杆反循环系统和全面破碎的碎岩方式，依靠收集钻进过程中由内管中心通道上返至地表的岩屑来取代常规取心钻探中的岩心进行地质编录、岩矿分析等，是一种全新的钻探方法，具有优质、高效、低耗的显著特点，有着广阔的应用前景。但由于该工艺方法是在潜孔锤上接头处依靠交叉接头的封堵作用与切换通道作用，逼迫孔底破碎下来的岩粉进入双壁钻杆的中心通道，因此孔底（钻头底部到交叉接头这一段长度内）存在局部正循环，会对岩样造成污染与混样；同时因为潜孔锤是全面破碎钻进，岩样几乎全是岩粉，不利于地质人员的判层。另外，钻遇出水、漏失、破碎等地层时，会造成岩样的丢失；为了弥补各类取芯钻探技术的不足，西方国家的学者做了大量的研究工作，最终发明了最新的反循环中心取样技术——Center Sample Reverse Circulation Drilling。该技术有别于传统的 CSR 取样方法，其最大特点在于同时采用中心取样潜孔锤（Center Sample Hammer 国内亦称贯通式潜孔锤）与专用的反循环钻头，双壁钻杆钻具系统内循环气体与岩样均为封闭循环，属于严格意义的全孔反循环。采用该技术，不仅能用于硬岩钻进、随钻随取，而且取样快、精确度高、代表性强、清洁无污染，大大实现了高效钻井与取样的完美结合。随后，英国 Bulroc（布洛克）公司在 1985 年研发了第一支反循环贯通式潜孔锤，并且直至今日仍一直在改进创新。其生产的反循环钻头和反循环潜孔锤，驱动完潜孔锤活塞的气体直接从花键套喷出，顺着钻头外的凹槽进入钻头底面的反循环取样孔，实现反循环过程。目前采用该钻头能够连续获取干岩样，且取样率高达 98%；瑞典 Atlas Copco（阿特拉斯科普柯）公司于 1990 年制造出 RC50 系列反循环潜孔锤和钻头，该产品采用的外部喷射加外环封堵的方式形成反循环，能够形成较好的反循环效果，钻进速度快，寿命长，取样率较高；瑞典 Sandvik 公司的贯通式反循环潜孔锤已形成多个系列，该产品采用了常见的导流罩式结构，气体通过导流罩与钻头之间的凹槽进入钻头底面的反循环取样孔以实现反循环取样，其钻头形式以 "Drop Center" 为主，主要用于硬岩钻进；美国 NUMA 公司目前已经设计出 4 个系列，50 多种型号的气动潜孔锤，其反循环钻头采用中心管喷射孔的方式，通过行程负压进行排屑，并通过边钻进边旋转的方式，形成涡状负压区，极大地增加了排屑的效率；美国 Terex Halco 公司主要做硬质合金加强型矿业手持凿岩机具的研发，于 1951 年进入潜孔锤硬岩钻进技术研发领域并处于领先地位，该公司的反循环潜孔锤一共有两个规格：RC412、RC512，均采用外部射流来形成反循环；爱尔兰 Mincon 公司的反循环钻具由于反循环钻头的结构独特，可以依靠钻头自身的结构对孔底进行密封，并不需要另外加入导流罩就可以实现反循环。据悉，此类反循环钻具的反循环效果较好，钻速也较理想，能够获取较好的岩样；韩国 JoyTech 公司在反循环潜孔锤方面有着 30 多年的专业经验，其生产的反循环钻头采用导流罩来促使反循环的形成。据统计，自 20 世纪 80 年代后期起，中心取样技术的钻探工作量在西方发达国家即已超过传统金刚石钻探方法，目前正广泛应用于全球各地。

　　虽然反循环钻探技术在各方面有了大量研究，但是在煤矿井下的研究甚少。澳大利亚联邦科学院与中国工程院院士袁亮等采用反循环取样技术，使用双壁钻杆和无喷反装置取样钻头，共同研制了双管正压逆流取样装置（复式管变压流取样设备），并在我国淮南矿业集团有限责任公司顾桥等煤矿进行了现场应用，定点取样深度在 65 m 左右，未能实现更大孔深的定点取样；中煤科工集体西安研究院将人造龙卷风控制抽吸及反螺旋密封技术引入钻头的结构设计中，研制出两种专用钻头及孔底钻具的组合，定点取样深度在 51 m 左右，仍然未能实现更大孔深的定点取样，并在反循环钻头的结构参数方面存在着许多问题。反循环取样技术在煤矿井下应用效果较差的原因在于煤矿井下取样钻孔多为平孔或上向孔，取样时，孔底钻屑的受力状态与下向钻孔不同，从而无法形成强反循环效应。而目前地勘领域常用钻头喷反结构增强反循环效应，参照此思路，研究适合于煤矿井下取样钻孔的喷反结构（如环形喷射器）是目前形成良好反循环钻进的必要途径。

第二章　煤层井下反循环取样理论

影响瓦斯含量测定的两个关键环节是取样及损失量推算，两者互为里表，共同对测定结果产生影响。本章节重点介绍反循环取样过程中气固两相流动的基本理论。

第一节　煤矿井下反循环钻进取样技术基本原理

借鉴地勘反循环技术原理，根据煤矿井下钻孔近水平、大倾角上向孔较多、钻孔敞口施工以及压风输出能量小的现状，提出重点研究钻头结构的思路，包括钻头内置喷反装置、外部喷孔及钻齿结构。由于地勘喷反装置无法在较低风压下产生作用，因此借鉴结构更为精巧、耗能更低、效率更高的航天喷射器，通过研究适用于煤矿井下反循环取样的喷射器结构，使其能够在 0.4 MPa 风压条件下产生类似甚至超越地勘喷反装置的抽吸性能，加强对孔底气固两相流的导向作用，使钻屑最大限度地进入钻杆中；同时，针对近水平和大仰角上向钻孔，为防止孔底钻屑受重力作用无法积聚在钻头附近，通过研究钻头合理的外喷孔结构，使通过的风流在保证冷却钻齿的作用前提下，实现类似风幕的作用，将孔底扰动的钻屑封堵在钻头附近，并通过控制风流方向使大部分风流将孔底钻屑压入钻头内部，小部分风流将孔内沿程钻屑通过孔口排出钻孔；如果钻屑的粒度越大，那么在输送过程中需要消耗更大的能量，考虑到矿井压风能量有限，对于大颗粒，一旦输送能量无法使其输送到孔口，那么便会引起输送管路的堵塞，因此通过设计合理的钻齿结构，将孔底煤体切削为均匀粒度的钻屑，使孔底风流与钻屑充分混合形成合理的固气比的气固两相流，便于稳定输送。根据以上思路，形成了图2-1 所示的煤矿井下敞口反循环取样的示意图，其原理图如图2-2 所示。

本书针对煤矿井下敞口反循环钻进存在的问题，除借鉴地勘反循环取样原理外，同时借鉴了环形喷射器技术和气力输送技术，通过提高矿井压风的利用率、降低能量损耗的方式实现煤矿井下煤层反循环取样，采用类似地勘时期反循环钻井所使用的双壁钻杆，根据矿井压风条件及钻机特点进行结构优化，使其适用于煤矿井下反循环取样，取样时，矿井压风通过双壁钻杆环状间隙进风，在钻头内部将高速风流分为两部分，一部分通过钻头内嵌的环形喷射器喷嘴进入钻杆中心

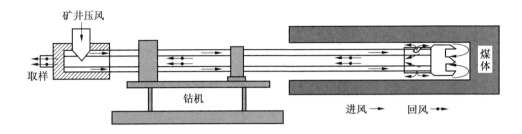

图 2-1　煤矿井下敞口反循环取样示意图

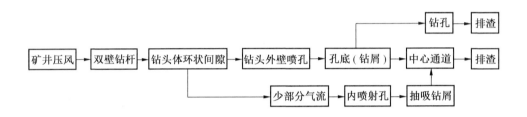

图 2-2　煤矿井下敞口反循环取样原理图

通道，形成高速引射射流，从而对钻头正前方产生负压和抽吸作用，使得孔底压力较高的带有钻屑的气体进入钻头及钻杆中心通道，形成反循环；另一部分通过钻头外壁喷孔进入钻孔中，喷射风流遇钻孔壁分别向孔口和孔底反射分流，流向孔底的风流除起到对钻齿的冷却作用外，还将对孔底产生的钻屑起到封堵作用，同时增大孔底的混有钻屑的气体的压力，促进反循环的形成，将孔底大部分钻屑压送入钻杆中心通道，与流经喷射器的风流混合共同携带钻屑排出钻杆，在钻杆尾部完成取样过程；而通过孔壁与钻杆壁间隙流向孔口的风流起到冲洗钻孔残余钻屑、防止卡钻、保证取样时正常钻进的作用，并在孔口将钻孔内残粉排出。

第二节　煤矿井下反循环钻进取样过程气固两相流理论分析

一、敞口钻孔内空气反循环流场模型

1. 敞口钻孔内空气反循环流场物理模型

为分析气体流体参数与钻具结构之间的关系，根据煤矿井下敞口反循环取样的技术原理，建立了图 2-3 所示的钻孔内反循环钻具流场物理模型。压强为 p_0、

速度为 v_0、密度为 ρ_0、质量流量为 Q_0 的矿井压缩空气通过 0－0 环形面进入双壁钻杆的环形空间，在钻头部位通过环形喷射器和钻头外喷孔分流成两部分，假设质量流量为 Q_1 的流体通过环形喷射器喷嘴（α 个）进入钻杆中心管，质量流量为 Q_2 的流体通过钻头外喷孔（β 个）进入钻头与钻孔壁间隙，Q_2 的流体经钻孔壁面反射后又分流 Q_3 和 Q_4，其中 Q_3 流向孔口 3－3 环形面，Q_4 流向钻头底部，经钻头前部开口 4－4 面进入钻头内嵌环形喷射器，与 Q_2 在 5－5 面完成汇合后经钻杆中心管流出。模型中，钻孔的直径为 D_1，双壁钻杆环形空间的外径为 D_2，钻杆中心管的内径为 D_3，钻头前部开口的直径为 D_4，环形喷射器喷嘴及钻头外喷孔均为等径直孔，直径分别为 d_1 和 d_2，双壁钻杆外管壁厚为 d_3，中心管壁厚为 d_4。设钻孔深度为 $L = L_1 + L_2 + L_3$，L_1 为孔口到环形喷射器喷嘴的距离，L_2 为环形喷射器喷嘴到钻头外喷孔的距离，L_3 为钻头外喷孔到孔底的距离。

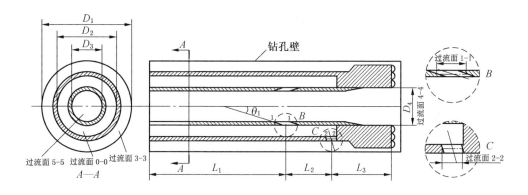

图 2－3　敞口钻孔内反循环钻具流场物理模型

2. 基本假设条件

通过对反循环钻具流场的基本分析，在求解过程中，对钻孔内气体反循环流场做了如下假设：

（1）气体黏性不可忽略。

（2）气体流动满足连续方程、能量方程和动量方程。

（3）气体的流动过程视作绝热等熵压缩流动过程，忽略热交换，满足状态方程。

（4）气体流动为湍流流动。

3. 控制面的选取和计算模型的确定

如图 2－3 所示，选取 0－0、1－1、2－2、3－3、4－4、5－5 为控制面，每个控制面的气体参数为（$p_i, v_i, \rho_i, i = 0 \sim 5$），气体流动过程遵循以下 3 个守恒

方程。

1）连续方程

由空气动力学连续性方程有：

$$Q_0 = Q_1 + Q_2 \qquad (2-1)$$

$$Q_2 = Q_3 + Q_4 \qquad (2-2)$$

式中　Q_0——进入环形空间的气体质量流量；

　　　Q_1——进入环形喷射器喷嘴的气体质量流量；

　　　Q_2——进入钻头外喷孔的气体质量流量；

　　　Q_3——由孔壁与钻头间隙流出钻孔的气体质量流量；

　　　Q_4——由外喷孔分流向孔底的气体质量流量。

由于环形喷射器的喷嘴个数为 α 个，钻头外喷孔个数为 β 个，故：

$$Q_1 = \sum_{n=1}^{\alpha} Q_{1n} \qquad Q_2 = \sum_{m=1}^{\beta} Q_{2m}$$

2）动量方程

由动量方程：

$$\frac{\partial \rho}{\partial t} + V \nabla V = -\frac{1}{\rho} \nabla \rho$$

可得：

$$\begin{cases} \dfrac{\mathrm{d}u}{\mathrm{d}t} \equiv \dfrac{\partial u}{\partial t} + u \dfrac{\partial u}{\partial x} + v \dfrac{\partial u}{\partial y} + w \dfrac{\partial u}{\partial z} = -\dfrac{1}{\rho} \dfrac{\partial p}{\partial x} \\[2mm] \dfrac{\mathrm{d}v}{\mathrm{d}t} \equiv \dfrac{\partial v}{\partial t} + u \dfrac{\partial v}{\partial x} + v \dfrac{\partial v}{\partial y} + w \dfrac{\partial v}{\partial z} = -\dfrac{1}{\rho} \dfrac{\partial p}{\partial y} \\[2mm] \dfrac{\mathrm{d}w}{\mathrm{d}t} \equiv \dfrac{\partial w}{\partial t} + u \dfrac{\partial w}{\partial x} + v \dfrac{\partial w}{\partial y} + w \dfrac{\partial w}{\partial z} = -\dfrac{1}{\rho} \dfrac{\partial p}{\partial z} \end{cases}$$

可得：

$$\frac{\partial \vec{v}}{\partial t} + \nabla \frac{v^2}{2} - \vec{v} \times (\nabla \times \vec{v}) = \vec{F} - \frac{1}{\rho} \nabla \rho$$

在流动方向 S 上应用牛顿第二定律：

$$pA - (p + \mathrm{d}p)A = \rho A \mathrm{d}S \frac{\mathrm{d}v}{\mathrm{d}t}$$

整理上式，并考虑：

$$\frac{\mathrm{d}S}{\mathrm{d}t} = 0$$

得：

$$\frac{\mathrm{d}p}{\rho} + v\mathrm{d}v = 0$$

3）能量方程

气体流动的一般简化能量方程为

$$\int \frac{1}{\rho} \mathrm{d}p + \frac{v^2}{2} = C（常数）$$

考虑到流体流动时间很短，来不及与外界发生热交换，可认为是绝热交换过程，气体的绝热流动即等熵流动的状态方程为 $\frac{p}{\rho^k} = C$。

将等熵方程代入运动方程并积分，可得到绝热流动的能量方程

$$\frac{Ck}{k-1}\rho^{k-1} + \frac{v^2}{2} + U = C$$

进一步得到：

$$\frac{k}{k-1}\frac{p}{\rho} + \frac{v^2}{2} + U = C$$

考虑到气体与壁面的摩擦造成的阻力损失，因此对于沿流程的任意两个断面，上式可写为

$$\frac{k}{k-1}\frac{p_1}{\rho_1} + \frac{v_1^2}{2} + gz_1 = \frac{k}{k-1}\frac{p_2}{\rho_2} + \frac{v_2^2}{2} + gz_2 + W_f$$

$$\frac{k}{k-1}p_1 + \frac{\rho_1 v_1^2}{2} + \rho gz_1 = \frac{k}{k-1}p_1 + \frac{\rho_2 v_2^2}{2} + \rho gz_2 + h_f$$

大部分情况下，由于垂直距离所造成的能量变化比较小，所以位能 gz 部分经常会忽略，从而有：

$$\frac{k}{k-1}p_1 + \frac{\rho_1 v_1^2}{2} = \frac{k}{k-1}p_1 + \frac{\rho_2 v_2^2}{2} + h_f \tag{2-3}$$

4. 反循环过程方程的建立

1）0-0、1-1、2-2 过流断面的连续方程和能量方程

1-1 和 2-2 分别是在环形喷射器喷嘴和钻头外喷孔中心位置选取的截面，由图 2-3 可知，输入 0-0 断面的风流均被环形喷射器和钻头外喷孔分流，因此，根据质量守恒定律可知：

$$Q_0 = Q_1 + Q_2 \tag{2-4}$$

其中，

$$Q_0 = \rho_0 v_0 A_0 = \rho_0 v_0 \pi \frac{D_2^2 - (D_3 + 2d_4)^2}{4}$$

$$Q_1 = \alpha \rho_1 v_1 A_1 = \alpha \frac{\rho_1 v_1 \pi d_1^2}{4}$$

$$Q_2 = \beta \rho_2 v_2 A_2 = \beta \frac{\rho_2 v_2 \pi d_2^2}{4}$$

列 0-0、1-1、2-2 三个断面的能量方程如下：

$$\frac{k}{k-1}p_0 + \frac{\rho_0 v_0^2}{2} = \frac{k}{k-1}p_1 + \frac{\rho_1 v_1^2}{2} + h_{f1} \tag{2-5}$$

$$\frac{k}{k-1}p_0 + \frac{\rho_0 v_0^2}{2} = \frac{k}{k-1}p_2 + \frac{\rho_2 v_2^2}{2} + h_{f2} \tag{2-6}$$

其中 h_{f1} 为空气由 0 - 0 到 1 - 1 过程由于摩擦阻力引起的能量损失，h_{f2} 为空气由 0 - 0 到 2 - 2 过程由于摩擦阻力引起的能量损失，这两个过程均忽略局部阻力损失，有：

$$h_{f1} = \lambda \frac{L_1}{D_2 - D_3 - 2d_4} \rho_0 \frac{v_0^2}{2}$$

$$h_{f2} = \lambda \frac{L_1 + L_2}{D_2 - D_3 - 2d_4} \rho_0 \frac{v_0^2}{2}$$

式中　λ——无因次系数（沿程阻力系数）。

根据等熵流动状态方程有：

$$\frac{p_0}{\rho_0^k} = \frac{p_1}{\rho_1^k} = \frac{p_2}{\rho_2^k} \quad (对于空气，k = 1.4) \tag{2-7}$$

根据状态方程有：

$$p_0 = \rho_0 R T_0 \qquad p_1 = \rho_1 R T_1 \qquad p_2 = \rho_2 R T_2 \tag{2-8}$$

2）2 - 2、3 - 3、4 - 4、5 - 5 过流断面的连续方程和动量方程

3 - 3 为钻头与孔壁环隙的出口断面，4 - 4 为钻头前部开口断面，5 - 5 为被引射流体和工作流体混合后的断面，由图 2 - 3 可知，风流经钻头外喷孔后向 3 - 3 和 4 - 4 断面分流，其中流向 4 - 4 断面的风流在 5 - 5 断面处与流经环形喷射器的风流充分混合，因此，根据质量守恒定律，对于 2 - 2、3 - 3、4 - 4、5 - 5 过流断面，其断面的连续方程和动量方程有：

$$Q_2 = Q_3 + Q_4 \tag{2-9}$$

$$Q_5 = Q_1 + Q_4 \tag{2-10}$$

其中，

$$Q_3 = \rho_3 v_3 A_3 = \rho_3 v_3 \pi \frac{D_1^2 - (D_2 + 2d_1)^2}{4}$$

$$Q_4 = \rho_4 v_4 A_4 = \frac{\rho_4 v_4 \pi D_4^2}{4}$$

$$Q_5 = \rho_5 v_5 A_5 = \frac{\rho_5 v_5 \pi D_3^2}{4}$$

根据喷射器原理，气体混合的能量方程如下：

$$Q_1 v_1 + Q_4 v_4 - (Q_1 + Q_4) v_5 = p_5 \frac{\pi D_3^2}{4} + \int_{s_1}^{s_2} p \mathrm{d}s - \left(p_1 \frac{\alpha \pi d_1^2}{4} + p_4 \frac{\pi d_4^2}{4} \right) \tag{2-11}$$

根据等熵流动方程有：

$$\frac{p_3}{\rho_3^k} = \frac{p_4}{\rho_4^k} = \frac{p_5}{\rho_5^k} \tag{2-12}$$

联立式（2-1）~式（2-12）所得方程组即可描述敞口钻孔内空气反循环过程的流场。由图2-2及质量守恒定律可知，通过钻杆环形空间的空气只可能通过钻杆中心管和钻杆壁与孔壁间隙流出，且两个出口均为巷道大气压，由图2-3及煤矿井下钻孔施工特点可知，整个反循环系统内并未采用机械结构控制两个出口的风量分配，相比之下，地勘钻孔可以通过孔口封堵装置或由于重力作用形成的钻屑自封堵效应控制风量集中通过钻杆内部形成反循环，而煤矿井下敞口反循环钻孔并不能采用以上两种方式，这就造成了煤矿井下反循环钻孔的两个出口分风量无法人为控制的情况，只能根据在煤层中实际应用时两个出口输送钻屑所遇到的阻力进行分配。同时，这也是造成以上方程组无唯一解析解的原因。因此，在研究中，着重从钻孔内嵌环形喷射器和钻头外喷孔对促进反循环形成产生的最大效应方面进行研究，同时在匹配矿井常用钻机、钻具的条件下，研究反循环双壁钻杆的结构及参数。

二、钻孔内钻屑颗粒悬浮机理

钻屑无论是在双壁钻杆中心管内输送还是在钻孔壁与钻杆间隙中输送，其过程均可等效为单一气源的气固两相流输送过程，钻屑颗粒能否在这两个空间内实现长距离稳定输送，需对这两个空间内颗粒的输送机理进行研究，在此，为便于分析，将双壁钻杆中心管和钻孔壁与钻杆间隙空间均等效为单一圆形断面的管道。

1. 水平管道内颗粒悬浮机理

水平管道内气流对颗粒的推力为水平方向，颗粒的重力为铅垂向下。只从这两个力来说，颗粒不能悬浮。但实际上能作悬浮输送，这种悬浮力的因素主要取决于载体——流体的运动特性，以及颗粒运动所处的方位等。

管道有效断面上流速为非均匀分布，即距管壁不同距离有速度差，瞬时紊流场中存在大量旋涡。根据上述流体运动特性，对水平管中颗粒所受悬浮力的因素，可做如下几种分析。

（1）紊流时，由于气体流场中存在许多小漩涡，速度方向不断变化，其中气流铅垂方向分速度 v_y 对颗粒产生的气动力为悬浮力，如图2-4所示。

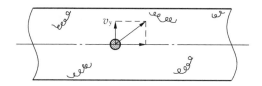

图2-4　气流铅垂方向分速度对颗粒产生的悬浮力

（2）在管底的颗粒，根据气流速度 v_a 分布，其上部流速大而下部流速小，再根据伯努利方程，则知上部压力小而下部压力大，形成悬浮力，如图 2 – 5 所示。

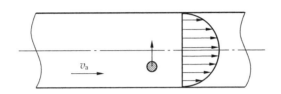

图 2 – 5　管道断面压力差对颗粒产生的悬浮力

（3）颗粒旋转引起颗粒周围的环流与气流叠加而产生的 Magnuse 效应的升力，如图 2 – 6 所示，分析如下：

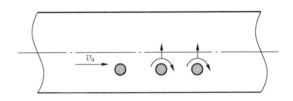

图 2 – 6　颗粒旋转引起的 Magnuse 效应悬浮力

① 在下述情况引起颗粒旋转。由于气流速度分布不均，在下部管道内颗粒上部作用向右的黏性力；下部作用向左的黏性力，使颗粒形成顺时针旋转；流场涡流引起颗粒的旋转；颗粒形状不对称受到不均匀的气动力而产生旋转；颗粒沿管底的滚动等。

② 颗粒旋转时，由于黏性而使颗粒附近气体随同颗粒旋转，而形成环流。

③ 此环境与水平流的叠加流场，使颗粒上部流速加快压力降低，下部流速减慢压力增高，结果气流对颗粒作用一个升力，此即 Magnuse 效应。

④ 由于颗粒处于有迎角的方位，形成气流对颗粒的气动力在铅垂方向的分力（即升力），如图 2 – 7 所示。

⑤ 由于颗粒相互间或与管壁碰撞而获得的反弹力在垂直方向的分力，如图 2 – 8 所示。

这些力作用的结果，使颗粒在气流中一面呈悬浮状态做不规则运动，一面反复与管壁碰撞或摩擦滑动。上述这些悬浮力，对于不同的颗粒大小、形状和气流

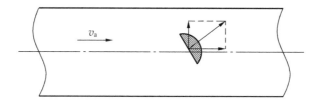

图2-7 气流作用于颗粒迎角产生的悬浮力

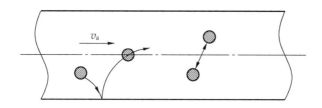

图2-8 碰撞产生的悬浮力

速度条件，其作用极不相同。例如，对于细粉状颗粒，则①④⑤项因素起主要作用，而②③项因素由于粒度太小几乎不起作用；对于普通或较大的颗粒，则②③起主要作用，而①④⑤项因素比颗粒重量小得多，几乎不起作用。

2. 铅垂管道内颗粒悬浮机理

在铅垂管中，气流对颗粒的气动力与颗粒重力在同一直线上。就这两个力来说，颗粒应做铅垂方向运动，但由于紊流的脉动速度、涡流影响以及颗粒间的摩擦碰撞和气动力不均匀等因素，使颗粒受到水平方向的力，而引起水平方向的运动。结果导致颗粒群做不规则的相互交错曲线上升的螺旋线形运动，因而使颗粒群在铅垂管中，形成接近均匀分布的定常流。

三、单颗粒自由悬浮运动方程

1. 倾斜管内单颗粒自由悬浮运动微分方程

如图2-9所示，质量为 m 的单颗粒在倾角为 θ 的输送管路 AA' 初始断面被速度为 v_a 的气流加速，经过时间 t 后，移动距离 L 至断面 BB' 时，速度达到 v_s，这时气流以相对速度 $(v_a - v_s)$ 对于粒子作用的气动推力 F_R，使粒子做加速运动，根据牛顿第二定律，有 $F_R - W_s \sin\theta = m(\mathrm{d}v_s/\mathrm{d}t)$ 即

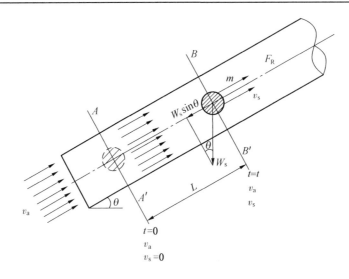

图 2-9　倾斜管内单颗粒受力与加速

$$C \frac{\pi}{4} d_s^2 \rho_a \frac{(v_a - v_s)^2}{2} - \frac{\pi}{6} d_s^3 \rho_s g \sin\theta = \frac{\pi}{6} d_s^3 \rho_s \frac{dv_s}{dt} \qquad (2-13)$$

为了将任意速度 $(v_a - v_s)$ 下阻力系数 C 代以悬浮速度中的 C_0，则：

$$C = \frac{a}{Re^k} = \frac{a}{\left[\dfrac{(v_a - v_s) d_s}{\nu} \right]^k}$$

$$C_0 = \frac{a}{Re_0^k} = \frac{a}{\left[\dfrac{v_0 d_s}{\nu} \right]^k}$$

式中 ν 为运动黏度。假定上述两种情况在同一阻力区，即二者对应的 k、a 各自相同，则取比值，可得：

$$\frac{C}{C_0} = \left(\frac{v_0}{v_a - v_s} \right)^k \qquad (2-14)$$

即有

$$C = C_0 \left(\frac{v_0}{v_a - v_s} \right)^k$$

再按悬浮速度一般公式，可得：

$$C_0 = \frac{4g}{3} \frac{\rho_s}{\rho} \frac{d_s}{v_0^2} \qquad (2-15)$$

结果：

$$C = \frac{4g}{3} \frac{\rho_s}{\rho} \frac{d_s}{v_0^2} \left(\frac{v_0}{v_a - v_s} \right)^k \qquad (2-16)$$

将 C、C_0 代入式（2-13），可简化为

$$\frac{v_0^{2-k}}{g}\frac{\mathrm{d}v_s}{\mathrm{d}t} = (v_a - v_s)^{2-k} - v_0^{2-k}\sin\theta \qquad (2-17)$$

对于稳定流只有位变加速度，则有：

$$\frac{v_0^{2-k}}{g}v_s\frac{\mathrm{d}v_s}{\mathrm{d}L} = (v_a - v_s)^{2-k} - v_0^{2-k}\sin\theta \qquad (2-18)$$

式（2-17）及式（2-18）即为单颗粒在倾斜管内平行流中的运动微分方程，前者是颗粒速度 v_s 随时间 t 的关系变化，后者是 v_s 随运动距离 L 的变化关系。

2. 单颗粒运动速度与距离和时间的关系方程

根据单颗粒运动速度与距离的关系方程，由式（2-18）可得出：

$$\mathrm{d}L = \frac{v_0^{2-k}}{g}\frac{v_s\mathrm{d}v_s}{(v_a - v_s)^{2-k} - v_0^{2-k}\sin\theta} \qquad (2-19)$$

（1）对于斯托克斯阻力区 $k=1$，式（2-19）变为

$$\mathrm{d}L = \frac{v_0}{g}\frac{v_s\mathrm{d}v_s}{(v_a - v_0\sin\theta) - v_s}$$

当初始条件 $L=0$，$v_s=0$，其积分结果为

$$L = \frac{v_0}{g}\left[(v_a - v_0\sin\theta)\ln\frac{v_a - v_0\sin\theta}{(v_a - v_0\sin\theta) - v_s} - v_s\right]$$

或 $$L = \frac{v_0^2}{g}\left\{\left(\frac{v_a}{v_0} - \sin\theta\right)\left[\ln\frac{1 - \dfrac{v_0}{v_a}\sin\theta}{\left(1 - \dfrac{v_0}{v_a}\sin\theta\right) - \dfrac{v_s}{v_a}} - \frac{\dfrac{v_0}{v_a}}{1 - \dfrac{v_0}{v_a}\sin\theta}\right]\right\} \qquad (2-20)$$

同理，由式（2-17）可以求出单颗粒运动时间 t 与运动速度 v_s 之间的关系：

$$t = \frac{v_0}{g}\ln\frac{v_a - v_0\sin\theta}{(v_a - v_0\sin\theta) - v_s} = \frac{v_0}{g}\ln\frac{1 - \dfrac{v_0}{v_a}\sin\theta}{\left(1 - \dfrac{v_0}{v_a}\sin\theta\right) - \dfrac{v_s}{v_a}} \qquad (2-21)$$

当 $\sin\theta = 0$，即为水平管时，有：

$$L = \frac{v_0^2}{g}\left[\frac{v_a}{v_0}\left(\ln\frac{1}{1 - \dfrac{v_s}{v_a}} - \frac{v_0}{v_a}\right)\right] \qquad (2-22)$$

$$t = \frac{v_0}{g} \ln \frac{1}{1 - \dfrac{v_s}{v_a}} \tag{2-23}$$

当 $\sin\theta = 1$，即为铅直管，有：

$$L = \frac{v_0^2}{g} \left\{ \left(\frac{v_a}{v_0} - 1 \right) \left[\ln \frac{1 - \dfrac{v_0}{v_a}}{1 - \dfrac{v_0}{v_a} - \dfrac{v_s}{v_a}} - \frac{v_0}{v_a - v_0} \right] \right\} \tag{2-24}$$

$$t = \frac{v_0}{g} \ln \frac{1 - \dfrac{v_0}{v_a}}{1 - \dfrac{v_0}{v_a} - \dfrac{v_s}{v_a}} \tag{2-25}$$

（2）对于牛顿阻力区 $k = 0$，式（2-19）变为

$$\mathrm{d}L = \frac{v_0^2}{g} \frac{v_s \mathrm{d}v_s}{\left(v_a - v_s \right)^2 - v_0^2 \sin\theta} \tag{2-26}$$

当 $\sin\theta = 0$，即为水平管，有：

$$\mathrm{d}L = \frac{v_0^2}{g} \frac{v_s \mathrm{d}v_s}{\left(v_a - v_s \right)^2} \tag{2-27}$$

积分可得：

$$L = \frac{v_0^2}{g} \left[\frac{v_s}{v_a - v_s} + \ln \frac{v_a - v_s}{v_a} \right] \tag{2-28}$$

同理可得：

$$t = \frac{v_0^2}{g} \frac{v_s}{v_a \left(v_a - v_s \right)} \tag{2-29}$$

当 $\sin\theta = 1$，即为铅垂管，式（2-26）可写成

$$\mathrm{d}L = \frac{v_0^2}{g} \frac{v_s \mathrm{d}v_s}{\left(v_a^2 - v_0^2 \right) - 2 v_a v_s + v_s^2}$$

积分可得：

$$L = \frac{v_0^2}{2g} \left[\ln \frac{\left(1 - \dfrac{v_s}{v_a} \right)^2 - \left(\dfrac{v_0}{v_a} \right)^2}{1 - \left(\dfrac{v_0}{v_a} \right)^2} + \frac{v_a}{v_0} \ln \frac{\left(1 - \dfrac{v_0}{v_a} \right) \dfrac{v_s}{v_a} - \left(1 - \dfrac{v_0^2}{v_a^2} \right)}{\left(1 + \dfrac{v_0}{v_a} \right) \dfrac{v_s}{v_a} - \left(1 - \dfrac{v_0^2}{v_a^2} \right)} \right] \tag{2-30}$$

同理可得：

$$t = \frac{v_0}{2g} \ln \frac{\left(1 - \frac{v_0}{v_a}\right) \frac{v_s}{v_a} - \left(1 - \frac{v_0^2}{v_a^2}\right)}{\left(1 + \frac{v_0}{v_a}\right) \frac{v_s}{v_a} - \left(1 - \frac{v_0^2}{v_a^2}\right)} \tag{2-31}$$

3. 单颗粒的最终速度

由式（2-17）可知，当颗粒被加速到最大速度 $v_s = v_m$（v_m 为颗粒最终速度），则加速度 $dv_s/dt = 0$，得 $(v_a - v_m)^{2-k} = v_0^{2-k} \sin\theta$。

对于水平管，$\sin\theta = 0$，则 $v_m = v_a$，表明水平管中颗粒的最终速度理论上等于气流速度。

对于铅垂管，$\sin\theta = 1$，则 $v_m = v_a - v_0$，表明铅垂管中的颗粒在上升气流作用下最终速度理论上等于气流速度与颗粒悬浮速度之差，而在下降气流作用下，则为二者之和。

四、悬浮颗粒群在管道内的运动方程

1. 倾斜管内颗粒群的运动微分方程

研究管道内悬浮颗粒群的运动，往往把气体和颗粒的气固两相流看成一种以气体运动为主的运动加上颗粒体的运动，即把固体颗粒也当作一种特殊的流体加以研究，同时，这样的流体可看作服从纯流体运动的规律。

如上所述，为研究管道内悬浮颗粒群的运动，建立了如图 2-10 所示的倾斜管内悬浮颗粒群的受力和运动分析模型。

1）微段中颗粒群轴向受力分析

颗粒群受到的气动推力：

$$F_R = C_s a_s \rho_a \frac{(v_a - v_s)^2}{2} \tag{2-32}$$

管壁阻力：

$$T_f = \Delta p_1 A = \lambda_s \frac{\Delta L}{D} \rho_n \frac{v_s^2}{2} A \tag{2-33}$$

式中 λ_s——阻力系数，对于粒径为 3~5 mm 的煤粒，当输送管材质为钢时，$\lambda_s = 0.001 \sim 0.002$。

将 $\rho_n = \frac{G_s}{A v_s}$ 代入式（2-33），则：

$$T_f = G_s \Delta L \frac{\lambda_s v_s}{2d} \tag{2-34}$$

ΔL 段颗粒群重量 $W = \left(\frac{G_s}{v_s}\right) \Delta L$，其轴向分力为

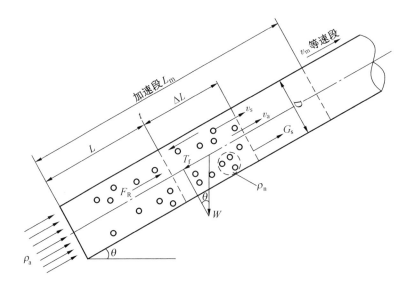

F_R—ΔL 段颗粒群所受的气动推力；v_m—颗粒群最终速度；T_f—管壁对颗粒群的阻力；L_m—加速段长；

W—ΔL 段颗粒群的重量；G_s—输送料质量流量；ρ_n—悬浮状态颗粒群的密度，$\rho_n = G_s/Av_s$；

ρ_a—气体密度；v_a—管中气流速度；D—管径；v_s—L 处颗粒群速度；A—管的断面积

图 2 – 10　倾斜管内悬浮颗粒群的受力和运动分析模型

$$Wg\sin\theta = \left(\frac{G_s}{v_s}\right)g\Delta L\sin\theta \tag{2-35}$$

输送状态下的 C_s 用悬浮沉降状态下的 C_n 来代替：

$$C_s = \frac{a}{Re^k} = \frac{a}{\left[\dfrac{(v_a - v_s)d_s\rho_a}{\mu}\right]^k} \tag{2-36}$$

式中　d_s——粒径。

$$C_n = \frac{a'}{Re^{k'}} = \frac{a'}{\left(\dfrac{v_n d_s \rho_a}{\mu}\right)^k} \tag{2-37}$$

式中　v_n——颗粒群的悬浮速度。

当输送状态和悬浮沉降状态在同一阻力区时，$a' = a$，$k' = k$，可得：

$$C_s = C_n\left(\frac{v_n}{v_a - v_s}\right)^k \tag{2-38}$$

当颗粒群处于悬浮时，悬浮力与颗粒群重力相等，即：

$$C_n a_s \rho_a \frac{v_n^2}{2} = \frac{G_s}{v_s} \Delta L g$$

从而：
$$C_n = \frac{\dfrac{G_s}{v_s} \Delta L}{\left(a_s \rho_a \dfrac{v_n^2}{2g} \right)} \tag{2-39}$$

因此：
$$F_R = \frac{G_s}{v_s} g \Delta L \left(\frac{v_a - v_s}{v_n} \right)^{2-k} \tag{2-40}$$

2）倾斜管中颗粒群的运动微分方程

根据牛顿第二定律，有：
$$\frac{G_s}{v_s} \Delta L \frac{dv_s}{dt} = F_R - T_f - Wg\sin\theta$$

将式（2-40）、式（2-34）、式（2-35）代入得：
$$\frac{1}{g} \frac{dv_s}{dt} = \left(\frac{v_a - v_s}{v_n} \right)^{2-k} - \frac{\lambda_s v_s^2}{2gD} - \sin\theta \tag{2-41}$$

由式（2-41）可建立颗粒群运动速度 v_s 与运动的时间 t 之间的关系式。

以等速气流 v_a 对均匀颗粒群加速的加速段中，对颗粒群而言的流场是定常场，所以只有位变加速度，即 $dv_s/dt = v_s(dv_s/\Delta L)$，因此上式可写成
$$\frac{1}{g} v_s \frac{dv_s}{\Delta L} = \left(\frac{v_a - v_s}{v_n} \right)^{2-k} - \frac{\lambda_s v_s^2}{2gD} - \sin\theta \tag{2-42}$$

由此可建立颗粒群运动速度 v_s 与运动距离 L 之间的关系式。

（1）对于水平管：$\sin\theta = 0$，则为
$$\frac{1}{g} v_s \frac{dv_s}{dL} = \left(\frac{v_a - v_s}{v_n} \right)^{2-k} - \frac{\lambda_s v_s^2}{2gD} \tag{2-43}$$

（2）对于铅垂管：$\sin\theta = 1$，则为
$$\frac{1}{g} v_s \frac{dv_s}{dL} = \left(\frac{v_a - v_s}{v_n} \right)^{2-k} - \frac{\lambda_s v_s^2}{2gD} - 1 \tag{2-44}$$

2. 水平管内颗粒群的运动方程

由于粒径及滑动速度 $(v_a - v_s)$ 的不同，在管道中气体对颗粒的绕流或阻力性质可分为 3 种不同的区域，分述如下：

（1）小雷诺数。$Re \leqslant 1$ 斯托克斯黏性阻力区 $k=1$，因此：
$$\frac{1}{g} v_s \frac{dv_s}{dL} = \frac{v_a - v_s}{v_n} - \frac{\lambda_s v_s^2}{2gD} \tag{2-45}$$

从而
$$dL = \frac{v_n}{g} \left(\frac{v_s dv_s}{v_a - v_s - X v_s^2} \right)$$

初始条件 $v_s = 0$，$L = 0$，积分得：

$$L = \frac{v_n}{2gX} \left[\frac{1}{Y} \ln \frac{2v_a + v_s(Y-1)}{2v_a - v_s(Y+1)} - \ln \frac{v_a - v_s - Xv_s^2}{v_a} \right] \qquad (2-46)$$

其中，$X = \lambda_s v_s^2 / 2gD$，$Y = \sqrt{1 + 4v_a X}$。

由此得到 $k = 1$ 的水平管颗粒群加速长度 L 与气流速度 v_a 及颗粒群加速到 v_s 的关系式。

（2）过渡区。$1 \leqslant Re \leqslant 500$ 阿连黏惯阻力区 $k = 0.5$，因此：

$$\frac{1}{g} v_s \frac{dv_s}{dL} = \left(\frac{v_a - v_s}{v_n} \right)^{1.5} - \frac{\lambda_s v_s^2}{2gD} \qquad (2-47)$$

从而

$$dL = \frac{v_n^{1.5}}{g} \frac{v_s dv_s}{(v_a - v_s)^{1.5} - \frac{\lambda_s v_n^{1.5}}{2gD} v_s^2}$$

初始条件 $v_s = 0$，$L = 0$，积分得：

$$L = \frac{M}{2N} \left[\ln \left(1 - 1.5 \frac{v_s}{v_a} + N \frac{v_s^2}{v_a^2} \right) - \frac{1.5}{P} \ln \frac{(1.5 + P)\frac{v_s}{v_a} - 2}{(1.5 - P)\frac{v_s}{v_a} - 2} \right] \qquad (2-48)$$

其中，$M = v_n^{1.5} v_a^{0.5} / g$；$N = (0.375 - \lambda_s v_n^{1.5} v_a^{0.5} / 2gD)$；$P = \sqrt{1.5^2 - 4N}$。

由此可得 $k = 0.5$ 的水平管加速段长度 L 与气流速度 v_a 及颗粒群加速到 v_s 的关系式。

（3）大雷诺数。$500 \leqslant Re \leqslant 2 \times 10^5$ 牛顿惯性阻力区 $k = 0$，因此

$$\frac{1}{g} v_s \frac{dv_s}{dL} = \left(\frac{v_a - v_s}{v_n} \right)^2 - \frac{\lambda_s v_s^2}{2gD} \qquad (2-49)$$

从而

$$dL = \frac{v_n^2}{g} \frac{v_s dv_s}{[v_a - (1-B)v_s][v_a - (1+B)v_s]}$$

初始条件 $v_s = 0$，$L = 0$，积分得：

$$L = \frac{v_n^2}{2gB} \left\{ \frac{\ln \left[1 - (1-B)\frac{v_s}{v_a} \right]}{1-B} - \frac{\ln \left[1 - (1+B)\frac{v_s}{v_a} \right]}{1+B} \right\} \qquad (2-50)$$

其中，$B = \sqrt{\frac{\lambda_s v_n^2}{2gD}}$。

3. 铅锤管内颗粒群的运动方程

（1）小雷诺数。$Re \leqslant 1$，$k = 1$，因此：

$$\frac{1}{g} v_s \frac{dv_s}{dL} = \frac{v_a - v_s}{v_n} - \frac{\lambda_s v_s^2}{2gD} - 1 \qquad (2-51)$$

从而

$$dL = \frac{v_n}{g} \frac{v_s dv_s}{(v_a - v_n) - v_s - C v_s^2}$$

初始条件 $v_s = 0$，$L = 0$，积分得：

$$L = \frac{vn}{2gD}\left[\left(\frac{1}{V}\right)\frac{2(v_a - v_n) - v_s(V+1)}{2(v_a - v_n) + v_s(V-1)} - \ln\frac{v_a - v_n - v_s - C v_s^2}{v_a - v_n}\right] \qquad (2-52)$$

式中：$C = \frac{\lambda_s v_s^2}{2gD}$，$V = \sqrt{1 + 4(v_a - v_n)C}$。

（2）过渡区。$1 \leqslant Re \leqslant 500$，$k = 0.5$，因此：

$$\frac{1}{g} v_s \frac{dv_s}{dL} = \frac{(v_a - v_s)^{1.5}}{v_n} - \frac{\lambda_s v_s^2}{2gD} - 1 \qquad (2-53)$$

从而

$$dL = \frac{v_n^{1.5}}{g} \frac{v_s dv_s}{(v_a - v_s)^{1.5} - \frac{\lambda_s v_n^{1.5}}{2gD} v_s^2 - v_n^{1.5}}$$

积分得：

$$L = \frac{H}{2U}\left[\ln\frac{T - 1.5\frac{v_s}{v_a} + U\left(\frac{v_s}{v_a}\right)^2}{T} - \frac{1.5}{W}\ln\frac{(1.5 - W)\frac{v_s}{v_a} - 2T}{(1.5 + W)\frac{v_s}{v_a} - 2T}\right] \qquad (2-54)$$

式中：$H = v_n^{1.5} v_a^{0.5}/g$，$U = 0.375 - \lambda_s v_n^{1.5} v_a^{0.5}/2gD$，$T = 1 - (v_n/v_a)^{1.5}$，$W = \sqrt{1.5^2 - 4TU}$。

（3）大雷诺数。$500 \leqslant Re \leqslant 2 \times 10^5$，$k = 0.5$，因此：

$$\frac{1}{g} v_s \frac{dv_s}{dL} = \left(\frac{v_a - v_s}{v_n}\right)^2 - \frac{\lambda_s v_s^2}{2gD} - 1 \qquad (2-55)$$

从而

$$dL = \frac{v_n^2}{g} \frac{\frac{v_s}{v_a} d\left(\frac{v_s}{v_a}\right)}{\left(1 - \frac{v_n^2}{v_a^2}\right)^{1.5} - 2\frac{v_s}{v_a} + B\left(\frac{v_s}{v_a}\right)^2} \qquad (2-56)$$

积分得：

$$L = \frac{v_n^2}{2gB}\left[\ln\frac{A - 2\frac{v_s}{v_a} + B\left(\frac{v_s}{v_a}\right)^2}{A} + \frac{1}{Z}\ln\frac{A - \frac{v_s}{v_a}(1 - Z)}{A - \frac{v_s}{v_a}(1 + Z)}\right] \qquad (2-57)$$

式中：$A = 1 - v_n^2/v_a^2$，$B = 1 - (\lambda_s v_n^2/2gD)$，$Z = \sqrt{1 - AB}$。

五、颗粒群运动的最终速度及速度比

由颗粒群的运动微分方程可知，颗粒群运动速度 v_s 是随时间或距离的增大而增大，同时所受阻力也随之增大。当 v_s 增大到最大速度 v_m 时，气流对颗粒群作用的气动推力与颗粒群所受阻力相平衡时，加速度为零，此段为加速度段，此后，颗粒群便以 v_m 作等速运动。令式（2-41）中加速度为零，即可求得各种情况下的最终速度 v_m 及速度比 v_m/v_a。

1. 斯托克斯阻力区，$k = 1$

以 v_m 代替 v_s，则式（2-41）变为

$$\frac{v_a - v_m}{v_n} - \frac{\lambda_s v_m^2}{2gD} - \sin\theta = 0$$

整理得：

$$\frac{\lambda_s v_n}{2gD} v_m^2 + v_m - (v_a - v_n\sin\theta) = 0$$

可解得：

$$v_m = \frac{-1 + \sqrt{1 + 2\dfrac{\lambda_s v_n}{gD}(v_a - v_n\sin\theta)}}{\dfrac{\lambda_s v_n}{gD}} \tag{2-58}$$

则最终固气速度比为

$$\psi_m = \frac{v_m}{v_a} \frac{-1 + \sqrt{1 + 2\dfrac{\lambda_s v_n v_a}{gD}\left(1 - \dfrac{v_n}{v_a}\sin\theta\right)}}{\dfrac{\lambda_s v_n v_a}{gD}} \tag{2-59}$$

（1）对于水平管：$\sin\theta = 0$，则：

$$\psi_m = \frac{v_m}{v_a} \frac{-1 + \sqrt{1 + 2\dfrac{\lambda_s v_n v_a}{gD}}}{\dfrac{\lambda_s v_n v_a}{gD}} \tag{2-60}$$

（2）对于铅垂管：$\sin\theta = 1$，则：

$$\psi_m = \frac{v_m}{v_a} \frac{-1 + \sqrt{1 + 2\dfrac{\lambda_s v_n v_a}{gD}\left(1 - \dfrac{v_n}{v_a}\right)}}{\dfrac{\lambda_s v_n v_a}{gD}} \tag{2-61}$$

2. 阿连黏惯阻力区，$k = 0.5$

（1）倾斜管中最终速度比。

式（2-41）变为

$$\left(\frac{v_a - v_m}{v_n}\right)^{1.5} - \frac{\lambda_s v_m^2}{2gD} - \sin\theta = 0$$

经简化展开处理得：

$$\psi_m = \frac{v_m}{v_a} = \frac{\sqrt{1.5^2 + 4\left(\frac{\lambda_s v_n^{1.5} v_a^{0.5}}{gD} - 0.375\right)\left[1 - \left(\frac{v_n}{v_a}\right)^{1.5}\sin\theta\right]} - 1.5}{2\left(\frac{\lambda_s v_n^{1.5} v_a^{0.5}}{gD} - 0.375\right)}$$

$$(2-62)$$

（2）对于水平管：$\sin\theta = 0$。

$$\psi_m = \frac{v_m}{v_a} = \frac{\sqrt{1.5^2 + 4\left(\frac{\lambda_s v_n^{1.5} v_a^{0.5}}{gD} - 0.375\right)} - 1.5}{2\left(\frac{\lambda_s v_n^{1.5} v_a^{0.5}}{gD} - 0.375\right)} \qquad (2-63)$$

（3）对于铅垂管：$\sin\theta = 1$。

$$\psi_m = \frac{v_m}{v_a} = \frac{\sqrt{1.5^2 + 4\left(\frac{\lambda_s v_n^{1.5} v_a^{0.5}}{gD} - 0.375\right)\left[1 - \left(\frac{v_n}{v_a}\right)^{1.5}\right]} - 1.5}{2\left(\frac{\lambda_s v_n^{1.5} v_a^{0.5}}{gD} - 0.375\right)} \qquad (2-64)$$

（4）将式（2-62）、式（2-63）、式（2-64）进行简化。对于 $k = 0.5$，中等颗粒低速输送时，阻力系数 λ_s 较小，将上述几式展开可得：

① 倾斜管简化最终速度比：

$$\psi_m = \frac{v_m}{v_a} = \frac{1}{1.5}\left[1 - \left(\frac{v_n}{v_a}\right)^{1.5}\sin\theta\right] \qquad (2-65)$$

② 水平管简化最终速度比：

$$\psi_m = \frac{v_m}{v_a} = \frac{1}{1.5} = 0.666 \qquad (2-66)$$

③ 铅垂管简化最终速度比：

$$\psi_m = \frac{v_m}{v_a} = \frac{1}{1.5}\left[1 - \left(\frac{v_n}{v_a}\right)^{1.5}\right] \qquad (2-67)$$

3. 牛顿阻力区，$k = 0$

（1）倾斜管中最终速度比：

式（2-41）变为

$$\left(\frac{v_a - v_m}{v_n}\right)^2 - \frac{\lambda_s v_m^2}{2gD} - \sin\theta = 0$$

通过整理得出解为

$$\psi_m = \frac{v_m}{v_a} = \frac{1 - \sqrt{1 - \left(1 - \frac{\lambda_s v_n^2}{2gD}\right)\left(1 - \frac{v_n^2}{v_a^2}\sin\theta\right)}}{1 - \frac{\lambda_s v_n^2}{2gD}} \qquad (2-68)$$

（2）水平管最终速度比：

$$\psi_m = \frac{v_m}{v_a} = \frac{1 - \sqrt{\frac{\lambda_s v_n^2}{2gD}}}{1 - \frac{\lambda_s v_n^2}{2gD}} = \frac{1}{1 + \sqrt{\frac{\lambda_s v_n^2}{2gD}}} \qquad (2-69)$$

（3）铅垂管道中最终速度比：

$$\psi_m = \frac{v_m}{v_a} = \frac{1 - \sqrt{\frac{\lambda_s v_n^2}{2gD}\left[1 - \frac{v_n^2}{v_a^2}\right] + \left(\frac{v_n}{v_a}\right)^2}}{1 - \frac{\lambda_s v_n^2}{2gD}} \qquad (2-70)$$

第三节　气固两相流在中心管的能量损失及临界条件

当孔底钻屑进入钻杆内部后，输送所需要消耗的各种能量，全部由气流的压力能量来补偿。在输送过程中，将气固两相流的颗粒群运动，视为与普通流体一样的流体在管道内运动，考虑摩擦阻力和局部阻力所引起的其他附加压力损失，分别服从达西公式及局部损失一般公式。同时，气流压力损失的确定，忽略颗粒群所占的空间，按照单相气流的压力损失来考虑。

因此，两相流的总的压力损失 $\Delta p_M = \Delta p_a + \Delta p_s$，其中 Δp_a 是气流的各项压力损失，Δp_s 是颗粒群运动附加的各项压力损失。

一、气固两相流的各项压力损失

1. 气固两相流的加速压损 Δp_{ma}

该压损产生于加速段，消耗于空气和钻屑的启动与加速。当钻屑进入钻杆中心管时，钻屑的初始速度很小（按零处理），经过加速段后，空气和钻屑分别达到最大速度 v_a 和 v_s。假设使两者加速终了所需要（损失）的压力差为 Δp_{ma}，它提供了气体质量流量 G_a 和钻屑质量流量 G_s 所增加的动能，即：

$$\Delta p_{ma} A v_a = \frac{1}{2} G_a v_a^2 + \frac{1}{2} G_s v_s^2$$

引入混合比 $m(m = G_s/G_a = G_s/\rho_a A v_a)$ 后，得到

$$\Delta p_{ma} = \left[1 + m \left(\frac{v_s}{v_a} \right)^2 \right] \rho_a \frac{v_a^2}{2} \qquad (2-71)$$

2. 气固两相流的摩擦压损 Δp_{mf}

（1）纯气流的摩擦压损 Δp_{af}。取管道长为 L，按达西公式为

$$\Delta p_{af} = \lambda_a \frac{L}{D} \rho_a \frac{v_a^2}{2} \qquad (2-72)$$

（2）颗粒群的附加摩擦压损 Δp_{nf}。按达西公式为

$$\Delta p_{nf} = \lambda_s \frac{L}{D} \rho_n \frac{v_s^2}{2} = m \frac{v_s}{v_a} \lambda_s \frac{L}{D} \rho_a \frac{v_a^2}{2} \qquad (2-73)$$

其中，ρ_n 为悬浮状态钻屑颗粒的密度，即 $\rho_n = G_s/A v_s$；$\lambda_s v_s/v_a$ 为附加压损系数 λ_z。

（3）两相流的摩擦压损 Δp_{mf}，即：

$$\Delta p_{mf} = \left(1 + m \frac{\lambda_s}{\lambda_a} \frac{v_s}{v_a} \right) \lambda_a \frac{L}{D} \rho_a \frac{v_a^2}{2} \qquad (2-74)$$

取 $\left(\dfrac{\lambda_s}{\lambda_a} \right) \left(\dfrac{v_s}{v_a} \right)$ 称为沿程阻力的附加系数 K，即

$$K = \frac{\lambda_z}{\lambda_a} \qquad (2-75)$$

$$\Delta p_{mf} = (1 + mK) \lambda_a \frac{L}{D} \rho_a \frac{v_a^2}{2} = a \Delta p_{af} \qquad (2-76)$$

其中，$a = (1 + mK)$ 称为压损比。

对于水平管：

$$a = 1 + \frac{1.25 mD}{\dfrac{v_s}{v_a}}$$

对于铅垂管：

$$a = 0.15 m + \frac{250}{v_a^{1.5}}$$

3. 钻屑群悬浮提升的重力压损 Δp_{st}

1）悬浮阻力 ΔT_{sf}

在输送管路中，当钻屑段长度为 dL 时，其质量为 $G_s dL/v_s$，悬浮速度为 v_n。设钻屑悬浮（防止下落）引起的气流压力差为 Δp_{st}，根据功能原理，单位时间内气流的能量应抵消钻屑的下落功，即：

$$\Delta p_{sf} A v_a = \frac{G_s g}{v_s} dL v_n$$

所以悬浮阻力为

$$\Delta T_{sf} = \Delta p_{sf} A = \frac{G_s g}{v_s} dL \frac{v_n}{v_a} \qquad (2-77)$$

悬浮压力损失为

$$\Delta p_{sf} = \frac{G_s g}{A v_s} dL \frac{v_n}{v_a} = \rho_a g m dL \frac{v_n}{v_s} \qquad (2-78)$$

2）提升阻力 ΔT_t

假设 θ 为输送管路与水平面的夹角，dL 段钻屑以 v_s 速度运动，dL 段钻屑的重力为 $G_s g dL/v_s$，其运动方向重力的分力为 $G_s g dL \sin\theta/v_s$，则克服重力的提升功率为 $G_s g dL v_s \sin\theta/v_s$，设提升钻屑所需要的气流压力差为 Δp_t，单位时间内，气流供给的能量 $\Delta p_t A v_a$ 应等于提升功，即

$$\Delta p_t A v_a = \Delta T_t v_a = \frac{G_s g dL \sin\theta}{v_s} v_s$$

所以提升阻力：

$$\Delta T_t = \Delta p_t A = \frac{G_s g dL \sin\theta}{v_s} \frac{v_s}{v_a} \qquad (2-79)$$

提升压力损失：

$$\Delta p_t = \rho_a g m dL \sin\theta \qquad (2-80)$$

3）重力阻力及其压力损失

钻屑群的重力阻力为悬浮与提升阻力之和，即：

$$\Delta T_{st} = \Delta T_{sf} + \Delta T_t = \frac{G_s g dL}{v_s} \left(\frac{v_n + v_s \sin\theta}{v_a} \right) \qquad (2-81)$$

重力压力损失：

$$\Delta p_{st} = \Delta p_{sf} + \Delta p_t = \rho_a g m dL \frac{v_a}{v_s} \left(\frac{v_n + v_s \sin\theta}{v_a} \right) \qquad (2-82)$$

4. 气固两相流的局部压损

煤矿井下反循环取样装置中的气固两相流的局部压损包括气流的局部压损、钻屑颗粒群的附加局部压损、吸入口的局部压损、钻杆中心管连接处的局部压损以及排渣口处的局部压损。整个装置的除钻头吸入口处存在微小断面变化外，其

余输送中心管均为统一直径，因此在考虑局部阻力时，可以忽略由于断面变化带来的影响，另外，输送中心管材质为刚性材料，在长钻孔施工过程中，会使管路产生一定的弯曲，但并未产生使流动方向急剧变化的弯曲，因此，由弯曲产生的局部阻力亦可以忽略不计。

5. 煤矿井下反循环取样装置中心管的总压损

针对以上分析，在煤矿井下反循环取样过程中中心管所需要考虑的压力损失主要包括以下 3 个部分：

$$\Delta p_M = \Delta p_{ma} + \Delta p_{mf} + \Delta p_{st} \tag{2-83}$$

则输送距离为 l 时的压损为

$$p_0 - p_l = \left[1 + m \left(\frac{v_s}{v_a} \right)^2 \right] \rho_a \frac{v_a^2}{2} + (1 + mK) \lambda_a \frac{l}{D} \rho_a \frac{v_a^2}{2} + \int_0^l \rho_a gm \frac{v_a}{v_s} \left(\frac{v_n + v_s \sin\theta}{v_a} \right) dL \tag{2-84}$$

式中 p_0——输送管初始端压力；

p_l——输送距离 l 处的压力。

由此可见，输送距离越长、混合比越大、孔倾角越大、颗粒越大、输送管内壁越粗糙等，压损就越大；增大输送管径、降低固气比等，能够在一定程度上降低压损。

二、钻屑颗粒在管道中输送的临界风速

从式（2-71）~式（2-82）可以看出，直管路内气固两相流的加速压损和摩擦压损具有与风速的平方成正比的抛物线变化规律，颗粒群的悬浮压损具有与风速成反比的双曲线的变化规律，提升压损与风速无关而为一定值。

为了更好地理解上述压损和风速的关系，引用气力输送领域的相关输送实验进行说明，如图 2-11 所示。从图中可以看出，当 $v_a < v_k$ 时，悬浮压损随 v_a 的减小而急速增大，此时无法实现输送；当 $v_a > v_k$ 时，悬浮的压损、摩擦压损和加速压损则随 v_a 增大而增大。从图中可以看出，当 $v_a = v_k$ 时，输送系统中各项压损之和最小，为最经济输送情况，因此 v_k 称为临界风速或经济风速。

已有研究表明，对于水平输送直管的等速段，其临界风速的求解方式有以下几种。

1. 牛顿阻力区，$k = 0$

$$v_k = \left[\frac{m v_n g D}{\left(\frac{v_s}{v_a} \right) \left(\lambda_a + \lambda_s m \frac{v_s}{v_a} \right)} \right]^{\frac{1}{3}} \tag{2-85}$$

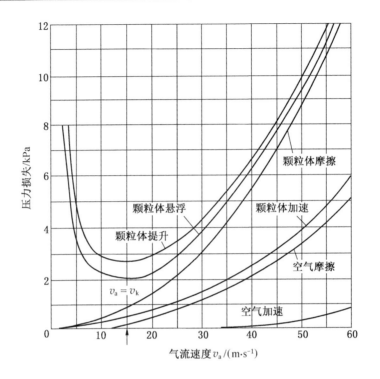

图 2 – 11　直管输送压损与风速的关系

2. 阿连阻力区，$k = 0.5$

$$v_k = \left[\frac{1.5 m v_n g D}{\lambda_a + \dfrac{\lambda_s m}{1.5}} \right]^{\frac{1}{3}} \qquad (2-86)$$

三、钻屑颗粒在管道中堵塞的临界条件

通过以上分析，为了降低气力输送的动力消耗和减少输送管路的磨损，以减轻颗粒的破碎，应尽可能选用最小的输送风速，但当输送风速进一步减小且输送管路直径显著增大时，从理论和现实中的现象可以了解到，较低的风速和大管径输送管路，势必引起输送颗粒的沉降，从而导致管路出现堵塞现象。

（1）若输送管路发生堵塞，建立图 2 – 12 所示的模型进行分析。

如图 2 – 12 所示，倾斜向上输送的直管发生长度为 L 的堵塞段，设作用在上游断面的气体压力为 p_1，下游的为 p_2，取微元段 dL，其轴向受力分析为

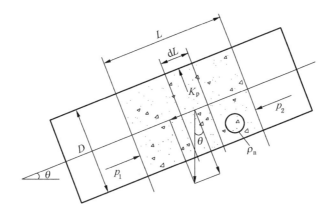

图 2-12 吹通压力分析

$$\frac{\pi}{4}D^2\mathrm{d}p = \frac{\pi}{4}D^2\rho_\mathrm{n}g\mathrm{d}L(\sin\theta + f_\mathrm{w}\cos\theta) + f_\mathrm{w}Kp\pi D\mathrm{d}L \qquad (2-87)$$

式中 ρ_n——堵塞颗粒的堆密度;

$\quad\quad f_\mathrm{w}$——颗粒与管壁的摩擦因数;

$\quad\quad p$——断面上的气体压力;

$\quad\quad K$——侧压系数。

将 ρ_n、f_w 及 K 认定为常数,并将边界条件 $L=0$ 处 $p=p_1$ 和 $L=L$ 处 $p=p_2=0$ 代入式 (2-87) 积分可得:

$$L = \frac{\pi}{4f_\mathrm{w}K}\ln\frac{\dfrac{4f_\mathrm{w}K}{D}p_1 + \rho_\mathrm{n}g(\sin\theta + f_\mathrm{w}\cos\theta)}{\rho_\mathrm{n}g(\sin\theta + f_\mathrm{w}\cos\theta)} \qquad (2-88)$$

对于水平管,$\theta = 0°$,则吹通压力为

$$p_\mathrm{H} = \frac{\rho_\mathrm{n}gD}{4f_\mathrm{w}K}\left(e^{\frac{4f_\mathrm{w}K}{D}L} - 1\right) \qquad (2-89)$$

对于铅垂管,$\theta = 90°$,则吹通压力为

$$p_\mathrm{V} = \frac{\rho_\mathrm{n}gD}{4f_\mathrm{w}K}\left(e^{\frac{4f_\mathrm{w}K}{D}} - 1\right) \qquad (2-90)$$

(2) 根据已有的气力输送实验研究表明,针对不同的颗粒粒径和固气混合比,使固体颗粒不致沉积的最小风速有如下经验公式。

① 颗粒粒径 $d_\mathrm{s} < 0.1\ \mathrm{mm}$,固气比 $m < 0.75$ 时:

$$v_{\min} = 0.25\sqrt{\frac{\rho_\mathrm{s}}{\rho_\mathrm{a}}gD} \qquad (2-91)$$

② 颗粒粒径 $d_s > 0.5$ mm, 固气比 $m < 15$ 时:

$$v_{\min} = 1.3 v_n m^{0.25} \qquad\qquad (2-92)$$

$$m = 0.35 \left(\frac{v_{\min}}{v_n} \right)^4 \qquad\qquad (2-93)$$

第三章 煤矿井下反循环 取样钻具研制

井下正循环钻进、反循环取样是解决井下定点快速取样的一个有效途径，结合煤矿井下的实际情况，围绕着空气反循环、喷射反循环、双壁钻杆、中心取样等核心问题研制适用煤矿井下的反循环取样钻具。

第一节 反循环取样钻杆参数研究

钻杆是连接钻孔孔口钻机及钻孔底部钻头的枢纽，能够把钻压和扭矩传递给钻头，实现连续钻进。一般来说，对于采用正循环施工钻孔的工艺，钻杆内部空间用于输送清洁孔底和冷却钻头的冲洗介质的通道，钻杆与孔壁的间隙作为冲洗介质返回孔口的通道，但钻孔在施工过程中会存在由于围岩应力、机械磨损和气蚀等作用产生的断面变化，从而导致携带孔底钻屑返回孔口的流体介质的流速发生变化，当流速低于能够携带钻屑运动的临界速度时，钻屑便会发生沉降，从而造成卡钻等无法钻进的现象。为了解决上述钻屑沉降及钻孔壁面的维护问题，反循环钻进工艺应运而生。在最初的反循环钻孔工艺中，冲洗介质通过钻杆与孔壁的间隙进入钻孔底部，然后经过钻杆内部空间返回孔口，这与正循环中的流体介质流通路径是相反的情形，但孔壁沿程存在的裂隙、含水层、地质构造等影响，往往造成冲洗介质流量和压力的损失，同时也不利于孔壁的维护，因此，可实现输入和返回流体均通过钻杆内部空间的双壁钻杆成为目前反循环钻进技术的主要设备，该种类型钻杆在普通单壁钻杆的基础上，内部增加了中心管路，将钻杆的内部空间分隔为两部分，钻进时，中心管与钻杆外壁之间的环形空间作为冲洗介质的输入通道，中心管内部空间作为返回通道，从而既保证了输入的冲洗介质的流量和压力，又可以尽量减少对孔壁的破坏。煤矿井下敞口反循环取样所用钻杆即为双壁钻杆，为了与目前国内煤矿井下钻机相匹配，本章在煤矿常用标准外径尺寸钻杆的基础上，主要研究适用于煤矿井下煤层条件钻进及冲洗介质性能的双壁钻杆的外形结构和内部空间参数。

一、取样钻杆的外管结构

目前，煤矿井下煤层钻孔的常用钻杆根据钻杆外壁附属结构可划分为螺旋钻杆（图3-1）、三棱圆弧凸棱钻杆（简称"三棱钻杆"，图3-2）及光壁钻杆（图3-3），其中螺旋钻杆又根据表面凸起的螺旋叶片的宽度分为宽叶片螺旋钻杆和窄叶片螺旋钻杆，三棱钻杆又可分为普通三棱钻杆和凹螺旋三棱钻杆，光壁钻杆即为钻杆表面无附属物的钻杆。

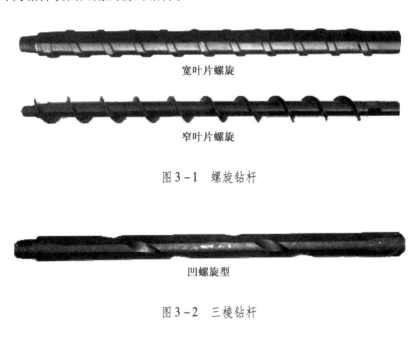

宽叶片螺旋

窄叶片螺旋

图3-1　螺旋钻杆

凹螺旋型

图3-2　三棱钻杆

图3-3　光壁钻杆

针对不同的煤层地质条件，井下煤层钻孔时选用的钻杆类型也不相同。通常，针对埋深较浅、地应力较小、煤质较硬的煤层，在施工井下煤层钻孔时上述几种钻杆均适用。但随着埋深加大，地应力逐渐变大，钻孔在施工过程中，会产生沿程横截面变形，有效回风面积会不断减小，同时由于井下煤层施工钻孔工艺多为回转钻进，钻杆随着孔深的加大会产生更强的自身摆动，造成对孔壁的扰动。在钻孔变形和钻杆扰动共同作用下，由沿程孔壁产生的钻屑会不断增加，在孔口压风能力不足的情况下，孔内钻屑无法及时排出即造成卡钻、埋钻事故。因此，单靠以气体或液体为冲孔介质的钻孔工艺，已不能满足保证正常钻进的排渣需求。基于以上原因，螺旋钻杆、三棱钻杆分别以增加机械排渣结构和增大排渣空间的方式，辅助流体介质排渣，能够增强钻孔的洗孔能力。

通常，深部矿井施工孔径较大的钻孔时，宽叶片螺旋钻杆和三棱钻杆使用较为常见。螺旋钻杆可利用叶片的轴向推力，将孔内残粉从孔底输送到孔口，而窄叶片螺旋钻杆由于叶片较薄，不但不方便工人使用，而且叶片在钻孔内容易对孔壁产生切割效应，从而增大孔壁残粉量，同时，在钻机动力部分液压机构的加持力下，叶片易发生变形。而宽叶片螺旋钻杆能够克服以上缺点。相比之下，普通三棱钻杆增加了钻杆外壁与孔壁之间的环空过流面积，钻杆在松软突出煤层中旋转能够引起漩涡流动，依靠钻杆的 3 个棱边将沉积在钻孔底部的钻屑扬起，使得孔内钻屑一直处于运动状态，避免在钻孔内出现堆积堵塞，同时，结合螺旋钻杆的排渣结构，改进型的凹螺旋三棱钻杆可借助钻杆外壁上的螺旋槽辅助排渣，当出现卡钻、埋钻的情况时，螺旋槽的扒孔功能可将塌孔疏通。

因此，通过分析煤矿常用钻杆的结构形式及特点，煤矿井下敞口反循环取样钻杆在用于埋深较浅、地应力较小、煤体较硬的煤层时，以上分析的三类钻杆均适合；而针对大埋深、高应力或松软煤层时，有必要选用螺旋钻杆或三棱钻杆。在本书的研究中，以成熟应用的矿用标准钻杆（外径尺寸有 42 mm、50 mm、63 mm、73 mm 和 89 mm 等）为基体进行双壁钻杆内部结构参数的研究。

二、取样钻杆中心管设计方法

1. 取样系统的气力输送类型

煤矿井下反循环取样的基本动力为矿井压缩空气，该压缩空气来自于地面空气压缩机，经过矿井压风管路分配到井下各用风地点，沿程经过摩擦阻力、局部阻力、漏风等影响，到达实际用风终端的静压一般仅为 0.4～0.6 MPa，意味着在不增加中间空气压缩机的情况下，用于煤矿井下反循环取样的输入能量有限，且远低于地勘反循环钻井的可用能量。

通常，气力输送系统的类型根据提供动力的装置及安装位置，分为吸气式输送、压送式气力输送和混合式气力输送。吸气式输送系统采用罗茨风机或真空泵作为气源设备，气源设备安装在系统末端，工作时使整个系统内形成负压，由于管道内外存在的压差作用，空气被吸入输料管内，同时携带物料进入整个输送系统。压送式输送系统是将气源设置在系统的前端，通过密封的供料装置，将物料强行压入唯一的气体出口从而进行输送，压送式输送又分为低压压送、高压压送、流态化压送及脉冲栓流式压送。混合式输送是将吸气式输送和压送式输送相结合的输送方式。

由煤矿井下反循环取样机理的分析可知，该系统虽然将气源设置在取样双壁钻杆的尾端，但实际上气力输送系统的前端位于钻头位置，双壁钻杆的环形空间作为连接气源和气力输送系统前端的通道，将矿井压缩空气输送到钻头位置，通过钻头外喷孔形成对孔底的正压喷射气流，同时钻头内部的环形喷射器形成负压效应，将外部正压空气引导入钻杆中心管，在此过程中，孔底钻屑被携带入中心管中进行气力输送。从结构表面特征看，煤矿井下反循环取样的气力输送系统应属于压气式和吸气式相结合的混合式气力输送系统，而实际上实现压送效应的钻头外喷口结构和实现抽吸效应的内嵌环形喷射器结构距离较近，且相对于孔底钻头外部的正压来说，钻头内部的抽吸负压非常小，以至于仅仅起到了降低压力势能的作用，而并未真正低于大气压，因此，煤矿井下反循环取样的气力输送应属于压送式输送。

2. 基于气力输送工程的取样钻杆中心管内径计算

1）压送式气力输送的类型

压送式气力输送利用压缩空气吹送物料，输送管路内部压力高于大气压力，根据管道内压力高于大气压力的程度又分高压压送和低压压送两种。

通过查阅资料可知，低压气力输送通常以高压通风机或鼓风机为动力源，系统压力不超过 0.05 MPa；高压气力输送工作压力一般为 0.098 ~ 0.685 MPa，适用于高混合比（$m = 30 ~ 200$）、长距离（$L = 100 ~ 500$ m，最长可达 1000 ~ 2000 m）的气力输送。

2）压送式气力输送的计算参数

（1）输送气流速度 v_a。物料颗粒在管道中可以被输送的条件是颗粒受气流作用且气流速度大于颗粒的沉降速度。从降低气源功率来看，气流速度越小越好，但速度过小就可能产生堵塞；过大则功率增加，而且加剧了管道磨损和颗粒的破损。输送物料的最小速度是随物料粒子的物性、混合比、输料管的管径、长度而变化的。一般确定输送气流速度的方法是首先根据设计计算或者实测颗粒的沉降速度，再根据输料管的长短及混合比，选取经验系数来确定合适的输送气流速度。

通过查询国内外相关的气力输送实验可知，直管输送管路输送气流 v_a 的经验系数见表 3 – 1，当采用高混合比 m 进行输送时，表中数据选择最大值。表 3 – 2 列出了煤颗粒及与煤颗粒气力输送性质相似的物料的沉降速度 v_0 和输送气流速度 v_a。

表 3-1　输送气流速度的经验系数

输送物料情况	输送气流速度 v_a
松散物料在铅垂管中	$\geqslant (1.3 \sim 1.7)v_0$
松散物料在倾斜管中	$\geqslant (1.5 \sim 1.9)v_0$
松散物料在水平管中	$\geqslant (1.8 \sim 2.0)v_0$

表 3-2　煤及相似物料的沉降速度与常用的输送气流速度

物料名称	密度 $\rho_s/(\text{t} \cdot \text{m}^3)$	沉降速度 $v_0/(\text{m} \cdot \text{s}^{-1})$	输送气流速度 $v_a/(\text{m} \cdot \text{s}^{-1})$
煤粉	1.20 ~ 1.30	8.7	20 ~ 30
粉煤灰	2.15 ~ 2.22	0.213	15 ~ 25
褐煤粉	—	8.7	20 ~ 30
褐煤块	1.16	10.6 ~ 11	18 ~ 40
小麦	1.24 ~ 1.38	6.2 ~ 9.8	15 ~ 24
大麦	1.30 ~ 1.35	8.7	15 ~ 25
大豆	1.18 ~ 1.22	10.0	18 ~ 30
糙米	1.12 ~ 1.22	7.7	15 ~ 25
玉米	—	8.9 ~ 9.5	25 ~ 30

（2）输送空气量 Q_a。输送所需的空气量为

$$Q_a = \frac{W_a}{\rho_a} = \frac{W_s}{m\rho_a} \tag{3-1}$$

式中　W_a——输送所需空气质量，$W_a = W_s/m$；

　　　W_s——单位时间输送物料的质量；

　　　m——固气混合比；

　　　ρ_a——空气密度。

混合比 m 的大小受物料的物理性质、输送方式及输送条件影响，与输料管管径及长度、空气量等有关，根据气力输送工程经验，一般参考表 3-3 中的数据。

表 3-3　混合比 m 的数值

输　送　方　式		m
压送式	低压	1 ~ 10
	高压	10 ~ 40
	流态化压送	40 ~ 80

3) 钻杆中心管内径的计算

当输送气流速度为 v_a(m/s)，空气量为 Q_a(m³/min)，输送物料质量 W_s (kg/min)，空气密度 ρ_a(kg/m³) 时，则中心管内径为

$$D = \sqrt{\frac{4Q_a}{60\pi v_a}} = \sqrt{\frac{4W_s}{60\pi m \rho_a v_a}} \tag{3-2}$$

本书中，以我国大多数煤矿常用的 73 mm 宽叶片螺旋钻杆为基体进行举例研究双壁钻杆的内部空间分配。选用的螺旋钻杆外径 73 mm，壁厚 7.5 mm，内径 48 mm，螺旋高度为 5 mm，机械强度经过现场的检验，普通打钻可实现 200 m 的设计深度，符合双壁钻杆可进行深孔取样的要求。

（1）单位时间钻屑输送量估算。选用 73 mm 普通螺旋钻杆施工钻孔时，一般匹配的是钻头直径为 95 mm，根据煤矿井下现场实测和统计，钻杆的钻进速度约为 1 m/min，取煤的平均密度为 1300 kg/m³，则 95 mm 孔径的钻孔每分钟产渣量约为 9.21 kg。假设钻头切削的钻屑完全通过钻杆中心管输送，那么输送煤样的质量 W_s =9.21 kg/min。

（2）输送方式选择。

① 低压输送：选择低压输送时，根据表 3-3 可知，混合比 m =1~10。选择煤块为输送对象，由表 3-2 可知，褐煤块的沉降速度为 10.6~11 m/s，常用输送气流速度 18~40 m/s。根据上述参数最大值和最小值，利用式（3-2）分别计算中心管内管管径，见表 3-4。

表3-4　低压输送时不同输送速度对应的中心管内管管径

m	输送速度/(m·s⁻¹)	中心管内径/mm
1	18	91.8
	40	61.6
10	18	29.0
	40	19.5

② 高压输送：选择高压输送时，混合比 m =10~40。将褐煤块的沉降速度和常用输送气流速度代入式（3-2）分别计算中心管内管管径，见表 3-5。

③ 流态化输送：选择流态化输送时，混合比 m =40~80。将褐煤块的沉降速度和常用输送气流速度代入式（3-2）分别计算中心管内管管径，见表 3-6。

表3-5 高压输送时不同输送速度对应的中心管内管管径

m	输送速度/(m·s^{-1})	中心管内径/mm
10	18	29
	40	19.5
40	18	14.5
	40	9.7

表3-6 流态化输送时不同输送速度对应的中心管内管管径

m	输送速度/(m·s^{-1})	中心管内径/mm
40	18	14.5
	40	9.7
80	18	10.3
	40	6.9

煤矿常用钻杆的外径为73 mm，决定其内径为48 mm，因此，无论选用哪种输送方式，中心管的外径均要小于48 mm。根据表3-4~表3-6所计算出的中心管内径，当混合比为1且低压输送时，计算结果均超出48 mm，因此该输送组合予以剔除。同时，由式（2-72）和式（2-73）可知，管径D越小，输送过程中摩擦压损越大，输送过程能量损失就越大，为了完成输送，势必要提高气源的能量，而煤矿井下压风在不设置井下空压机的情况下，压风能量有限，根据第二章分析可知，输送过程中各种阻力均与固气比m成正相关关系，即m值越大，需要消耗的能量越大，因此煤矿井下反循环取样的气力输送不宜采用高气固比的输送方式。对于流态化输送方式，因其需要将输送物料与空气形成流化床，而煤矿反循环取样钻具内空间狭小，无法形成流化床空间，同时，钻屑的剥落方式注定无法使压缩空气与钻屑预先混合，也很难达到10以上的固气比，因此流态化输送、固气比$m > 10$的输送方式同样不适用井下反循环取样。通过以上筛选对比，结合煤矿井下的常用风压范围0.4~0.6 MPa，煤矿井下反循环取样的输送方式应为高压输送。在满足常用输送气流速度18~40 m/s、同时降低中心管输送阻力的前提下，中心管的内径范围应为19.5~29 mm。另外，考虑到系统存在一定的漏气量，以及计算和实际情况的误差，要求空气量Q_a留有一定的富余量，一般实际选用空气量为理论空气量的1.1~1.2倍，取富余系数为1.2，则钻杆中心管内径范围可修正为21~32 mm。在保证强度的条件下，选择3 mm壁厚的

无缝钢管作为中心管的基体，因此，针对本书中选取的外径 73 mm、内径 48 mm 的普通螺旋钻杆，扣除中心管空间及壁厚后，剩余的环形空间如图 3 - 4 所示。

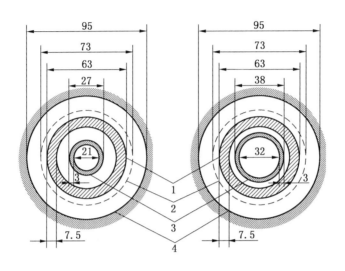

1—钻杆外管；2—螺旋外壁；3—钻杆中心管；4—钻孔壁

图 3 - 4　双壁钻杆横截面

三、双壁钻杆不同环形间隙时流体的能量损失分析

对于普通气力输送装置来说，能够实现气力输送的压力条件是气源最大压力必须大于空气管压力损失、物料加速压力损失、输送直管的压力损失、弯管处压力损失、分离器和除尘器附近压力损失以及排气管压力损失之和。而对于煤矿井下反循环取样，钻杆在钻孔内虽有弯曲，但曲率半径较大，可近似认为是直管输送，因此也就不存在弯管压力损失；同时，钻杆中心管气力输送的目的是将孔底钻屑输送到孔口进行收集，可根据所需直径的取样颗粒，选用筛孔直径合适的筛网对钻杆尾端的气固两相流进行拦截分离，一般情况下，用于瓦斯含量直接测定等所需的煤样粒度较大，因此筛网孔径也相对普通气力输送的分离器要大，筛网所造成的压力损失也较小，可以忽略不计。普通气力输送装置需要在除尘分离器后面设置单独的排气管路，但煤矿井下反循环取样时，钻屑在孔口与输送空气分离时，输送空气直接排向巷道中，因此无须考虑排气管的压力损失。

1. 双壁钻杆环形空间的流体能量损失

双壁钻杆环形空间压缩空气的能量损失来源于沿程的摩擦阻力损失以及局部阻力损失。对于工程应用来说，矿井井下压风功率是有限的，如何在有限的功率条件下提高能量的利用率是科学研究及节能减排的目标，为此，本书基于我国材料制作工艺以及双壁钻杆使用环境，对上述结构尺寸的双壁钻杆性能进行研究。

（1）沿程阻力：

$$h_\mathrm{f} = \lambda \frac{l}{d} \frac{v^2}{2g} \qquad (3-3)$$

式中　h_f——沿程摩擦阻力损失，m；

λ——沿程阻力系数；

l——管长，m；

d——环形空间当量直径，m；

v——断面平均速度，m/s；

g——重力加速度，m^2/s。

上述沿程阻力计算公式称为达西公式，该公式对于层流、紊流均适用，圆管沿程阻力系数 λ 在不同的流态条件时的计算方式也不同，通常与雷诺数 Re 有关。

对于层流：

$$\lambda = \frac{64}{Re} \qquad (3-4)$$

对于紊流：

$$\lambda = \frac{0.3164}{Re^{0.25}} \qquad (3-5)$$

其中 Re 为管流的雷诺数，其表达式为

$$Re = \frac{vd}{\mu} \qquad (3-6)$$

式中　v——管道内流体的流速，m/s；

μ——流体的运动黏度，m^2/s；

d——管径，m。

通过将 Re 值与临界雷诺常数 Re_c（2300）对比，可判断流体的流态：

若 $Re < Re_\mathrm{c}$，流体的流态为层流；

若 $Re > Re_\mathrm{c}$，流体的流态为紊流；

若 $Re = Re_\mathrm{c}$，流体的流态为临界流；

对于非圆断面管流，用水力直径代替圆管的直径 d 进行计算。

书中涉及的双壁钻杆的环形空间的过流断面为环形，因此，环形空间的水力直径 d_e 见下式：

$$d_\mathrm{e} = D_内 - d_外 = 2h \qquad (3-7)$$

式中　$D_内$——钻杆外管内径，m；

$d_外$——钻杆中心管外径，m；

h——环形空间间隙，m。

（2）局部阻力：

$$h_j = \xi \frac{v^2}{2g} \qquad (3-8)$$

式中　h_j——局部阻力损失，m；

ξ——局部阻力系数。

双壁钻杆的环形空间作为矿井压风的输入通道，其结构上是通径的，不存在断面的放大或缩小，因此本书研究中，局部阻力予以忽略不计。

2. 不同环形间隙沿程阻力系数计算

对于双壁钻杆的环形空间，其层流流动动量微分方程及其边界条件为

$$\begin{cases} \dfrac{u}{r} \dfrac{\partial}{\partial r}\left(r \dfrac{\partial u}{\partial r}\right) = \rho u \dfrac{\partial u}{\partial r} + \dfrac{\mathrm{d}p}{\mathrm{d}x} \\ r = r_1,\ u = 0;\ r = r_0,\ u = 0 \\ r = r_{max},\ u = u_{max},\ \dfrac{\partial u}{\partial r} = 0 \end{cases} \qquad (3-9)$$

同时，在层流充分发展区有：

$$\frac{\partial u}{\partial x} = 0 \qquad v = 0 \qquad (3-10)$$

联立式（3-9）和式（3-10）求解微分方程可得环形空间的阻力系数 λ 的计算公式：

$$\lambda = \frac{\left(1 - \dfrac{d_外}{D_内}\right)^2 \ln\left(\dfrac{d_外}{D_内}\right)}{\left[1 + \left(\dfrac{d_外}{D_内}\right)^2\right] \ln\left(\dfrac{d_外}{D_内}\right) + 1 - \left(\dfrac{d_外}{D_内}\right)^2} \frac{64}{Re} \qquad (3-11)$$

将式（3-6）和式（3-7）代入式（3-11）即可得到环形空间的阻力系数 λ。

由式（3-11）可以看出，环形空间的阻力系数与环形空间的间隙以及雷诺数有关。

由于本书中研究的双壁钻杆外管的内径 $D_内 = 48$ mm，内管外径 $d_外$ 的范围为 $27 \sim 38$ mm，因此，环形间隙 $h = 5 \sim 10.5$ mm。

根据式（3-11）计算不同内管外径 $d_外$ 条件下双壁钻杆环形空间的阻力系数 λ，其中雷诺数 Re 分别取值 200、400、600、800、1000、1500、2000、2500、3000、4000、5000、6000、7000，得到 λ 的结果见表 3-7 和表 3-8。

表 3-7　不同内管外径条件下环形空间的阻力系数

Re	$d_{外}$/m	$D_{内}$/m	λ	$Re \times \lambda$
200	0.027	0.048	0.4773968	95.479363
	0.029	0.048	0.4779953	95.599062
	0.031	0.048	0.4784859	95.697184
	0.033	0.048	0.4788850	95.777008
	0.035	0.048	0.4792060	95.841209
	0.037	0.048	0.4794599	95.891988
	0.038	0.048	0.4795646	95.912928
400	0.027	0.048	0.2386984	95.479363
	0.029	0.048	0.2389977	95.599062
	0.031	0.048	0.2392430	95.697184
	0.033	0.048	0.2394425	95.777008
	0.035	0.048	0.2396030	95.841209
	0.037	0.048	0.2397300	95.891988
	0.038	0.048	0.2397823	95.912928
600	0.027	0.048	0.1591323	95.479363
	0.029	0.048	0.1593318	95.599062
	0.031	0.048	0.1594953	95.697184
	0.033	0.048	0.1596283	95.777008
	0.035	0.048	0.1597353	95.841209
	0.037	0.048	0.1598200	95.891988
	0.038	0.048	0.1598549	95.912928
800	0.027	0.048	0.1193492	95.479363
	0.029	0.048	0.1194988	95.599062
	0.031	0.048	0.1196215	95.697184
	0.033	0.048	0.1197213	95.777008
	0.035	0.048	0.1198015	95.841209
	0.037	0.048	0.1198650	95.891988
	0.038	0.048	0.1198912	95.912928

表 3-7（续）

Re	$d_外/m$	$D_内/m$	λ	$Re \times \lambda$
1000	0.027	0.048	0.0954794	95.479363
	0.029	0.048	0.0955991	95.599062
	0.031	0.048	0.0956972	95.697184
	0.033	0.048	0.0957770	95.777008
	0.035	0.048	0.0958412	95.841209
	0.037	0.048	0.0958920	95.891988
	0.038	0.048	0.0959129	95.912928
1500	0.027	0.048	0.0636529	95.479363
	0.029	0.048	0.0637327	95.599062
	0.031	0.048	0.0637981	95.697184
	0.033	0.048	0.0638513	95.777008
	0.035	0.048	0.0638941	95.841209
	0.037	0.048	0.0639280	95.891988
	0.038	0.048	0.0639420	95.912928
2000	0.027	0.048	0.0477397	95.479363
	0.029	0.048	0.0477995	95.599062
	0.031	0.048	0.0478486	95.697184
	0.033	0.048	0.0478885	95.777008
	0.035	0.048	0.0479206	95.841209
	0.037	0.048	0.0479460	95.891988
	0.038	0.048	0.0479565	95.912928
2500	0.027	0.048	0.0381917	95.479363
	0.029	0.048	0.0382396	95.599062
	0.031	0.048	0.0382789	95.697184
	0.033	0.048	0.0383108	95.777008
	0.035	0.048	0.0383365	95.841209
	0.037	0.048	0.0383568	95.891988
	0.038	0.048	0.0383652	95.912928

表 3 - 7（续）

Re	$d_{外}$/m	$D_{内}$/m	λ	$Re \times λ$
3000	0.027	0.048	0.0318265	95.479363
	0.029	0.048	0.0318664	95.599062
	0.031	0.048	0.0318991	95.697184
	0.033	0.048	0.0319257	95.777008
	0.035	0.048	0.0319471	95.841209
	0.037	0.048	0.0319640	95.891988
	0.038	0.048	0.0319710	95.912928
4000	0.027	0.048	0.0238698	95.479363
	0.029	0.048	0.0238998	95.599062
	0.031	0.048	0.0239243	95.697184
	0.033	0.048	0.0239443	95.777008
	0.035	0.048	0.0239603	95.841209
	0.037	0.048	0.0239730	95.891988
	0.038	0.048	0.0239782	95.912928
5000	0.027	0.048	0.0190959	95.479363
	0.029	0.048	0.0191198	95.599062
	0.031	0.048	0.0191394	95.697184
	0.033	0.048	0.0191554	95.777008
	0.035	0.048	0.0191682	95.841209
	0.037	0.048	0.0191784	95.891988
	0.038	0.048	0.0191826	95.912928
6000	0.027	0.048	0.0159132	95.479363
	0.029	0.048	0.0159332	95.599062
	0.031	0.048	0.0159495	95.697184
	0.033	0.048	0.0159628	95.777008
	0.035	0.048	0.0159735	95.841209

表 3-7（续）

Re	$d_{外}/m$	$D_{内}/m$	λ	$Re \times \lambda$
	0.027	0.048	0.0136399	95.479363
	0.029	0.048	0.0136570	95.599062
	0.031	0.048	0.0136710	95.697184
7000	0.033	0.048	0.0136824	95.777008
	0.035	0.048	0.0136916	95.841209
	0.037	0.048	0.0136989	95.891988
	0.038	0.048	0.0137018	95.912928

表 3-8　不同环形间隙下阻力系数随雷诺数的变化

Re	λ						
	$h = 10.5$ mm	$h = 9.5$ mm	$h = 8.5$ mm	$h = 7.5$ mm	$h = 6.5$ mm	$h = 5.5$ mm	$h = 5.0$ mm
200	0.4773968	0.4779953	0.4784859	0.4788850	0.4792060	0.4794599	0.4795646
400	0.2386984	0.2389977	0.2392430	0.2394425	0.2396030	0.2397300	0.2397823
600	0.1591323	0.1593318	0.1594953	0.1596283	0.1597353	0.1598200	0.1598549
800	0.1193492	0.1194988	0.1196215	0.1197213	0.1198015	0.1198650	0.1198912
1000	0.0954794	0.0955991	0.0956972	0.0957770	0.0958412	0.0958920	0.0959129
1500	0.0636529	0.0637327	0.0637981	0.0638513	0.0638941	0.0639280	0.0639420
2000	0.0477397	0.0477995	0.0478486	0.0478885	0.0479206	0.0479460	0.0479565
2500	0.0381917	0.0382396	0.0382789	0.0383108	0.0383365	0.0383568	0.0383652
3000	0.0318265	0.0318664	0.0318991	0.0319257	0.0319471	0.0319640	0.0319710
4000	0.0238698	0.0238998	0.0239243	0.0239443	0.0239603	0.0239730	0.0239782
5000	0.0190959	0.0191198	0.0191394	0.0191554	0.0191682	0.0191784	0.0191826
6000	0.0159132	0.0159332	0.0159495	0.0159628	0.0159735	0.0159820	0.0159855
7000	0.0136399	0.0136570	0.0136710	0.0136824	0.0136916	0.0136989	0.0137018

　　根据表 3-7 可知，相同环形空间条件下，无论雷诺数为多少，$Re \times \lambda$ 始终为一定值，该结论意味着只要知道流体的雷诺数，即可根据环形间隙确定 λ 的值。

　　根据表 3-7 绘制图 3-5，用于表征同一雷诺数下不同环形间隙条件下所对应的阻力系数，图 3-5 仅选择绘制了雷诺数为 200、1000、3000、7000 时的情况。

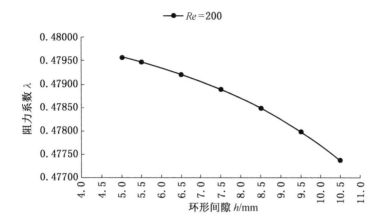

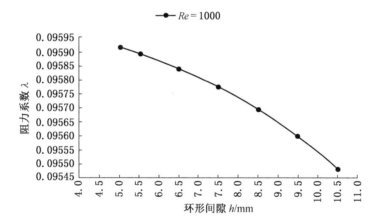

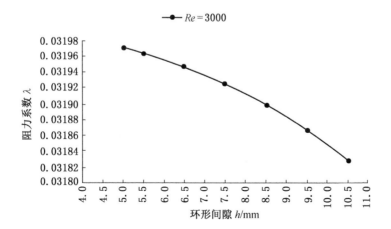

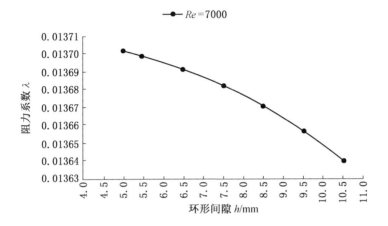

图 3 - 5　相同雷诺数时阻力系数 λ 随环形间隙 h 的变化情况

由图 3 - 5 可知，在雷诺数 Re 相同时，环形管道的阻力系数 λ 随着环形间隙 h 的增大而减小，原因是环形间隙越大意味着自由流动的空间越大，从而管道壁面对黏性流体的黏滞作用对整个流体流动的影响占比减小，相反，环形间隙越小时，管道壁面对黏性流体的黏滞作用更明显。从表 3 - 8 可以看出，对于空气来说，阻力系数 λ 受环形间隙 h 的影响较小。

根据表 3 - 8 绘制了图 3 - 6，用于表征阻力系数 λ 随雷诺数的变化规律，由于不同环形间隙的阻力系数变化较小，因此仅需同一条曲线即可近似表示阻力系数与雷诺数的相关关系。

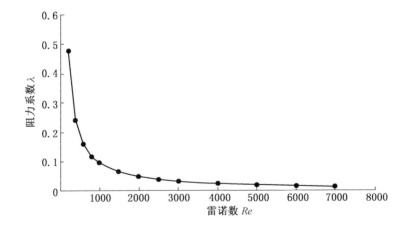

图 3 - 6　不同环形间隙 h 时阻力系数 λ 随雷诺数 Re 的变化规律

　　由图 3 – 6 可知，在任意环形间隙条件下，环形管路的阻力系数 λ 随着雷诺数 Re 的增大而减小，但减小趋势逐渐趋缓，最终趋于水平趋势，即阻力系数不再随雷诺数的增大而减小。

　　3. 不同环形间隙下管路的沿程阻力损失

　　由式（3 – 3）、式（3 – 6）和式（3 – 7）可得：

$$h_f = \lambda \frac{Re^2\mu^2}{16gh^3}l \tag{3 – 12}$$

　　令 $A = \lambda Re^2\mu^2/16gh^3$，计算过程中取空气 20 ℃时的运动黏度 $\mu = 15 \times 10^{-6}$ m²/s，将表 3 – 8 中的数据代入式（3 – 12），可以得到不同雷诺数及环形间隙条件下的沿程阻力与管长 l 的关系方程，可以看出，当气体流动速度、环形间隙相同时，沿程阻力是管长 l 的一元线性函数，A 值为该函数的斜率，其中当雷诺数为 200、1000、3000、7000 时，A 值计算结果见表 3 – 9。

表 3 – 9　不同雷诺数及环形间隙条件下的 A 值

Re	λ	h/mm	A
	0.4773968	10.5	0.023671
	0.4779953	9.5	0.032000
	0.4784859	8.5	0.044721
200	0.4788850	7.5	0.065154
	0.4792060	6.5	0.100156
	0.4794599	5.5	0.165410
	0.4795646	5.0	0.220208
	0.0954794	10.5	0.118353
	0.0955991	9.5	0.160000
	0.0956972	8.5	0.223604
1000	0.0957770	7.5	0.325772
	0.0958412	6.5	0.500782
	0.0958920	5.5	0.827048
	0.0959129	5.0	1.101041
	0.0318265	10.5	0.355058
3000	0.0318664	9.5	0.479999
	0.0318991	8.5	0.670811

表 3 - 9（续）

Re	λ	h/mm	A
3000	0.0319257	7.5	0.977316
	0.0319471	6.5	1.502346
	0.0319640	5.5	2.481144
	0.0319710	5.0	3.303124
7000	0.0136399	10.5	0.828469
	0.0136570	9.5	1.119998
	0.0136710	8.5	1.565225
	0.0136824	7.5	2.280405
	0.0136916	6.5	3.505474
	0.0136989	5.5	5.789336
	0.0137018	5.0	7.707289

　　图 3 - 7 所示为不同雷诺数条件下，A 值随环形间隙的变化规律，从图中看出，相同环形空间时，雷诺数越大（速度越大），对应的 A 值也越大，说明此时气体流经相同的输送管路距离时，所产生的阻力越大；而雷诺数相同时，A 值随着环形间隙的增大而逐渐减小，并呈幂函数的衰减趋势，说明环形间隙越大，气体流经相同的输送管路距离时，所产生的阻力越小。

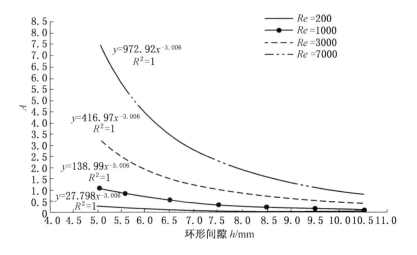

图 3 - 7　不同环形间隙时 A 值的变化规律

　　以 $Re = 200$ 和 $Re = 7000$ 为例，分析不同环形间隙下，沿程阻力与管路长度之间的关系，如图 3 – 8 和图 3 – 9 所示。

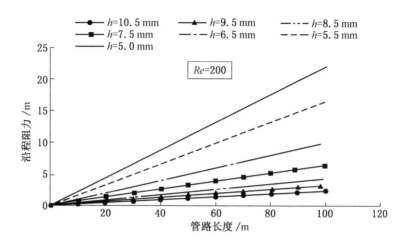

图 3 – 8　$Re = 200$ 时不同环形间隙条件下沿程阻力随管路长度变化规律

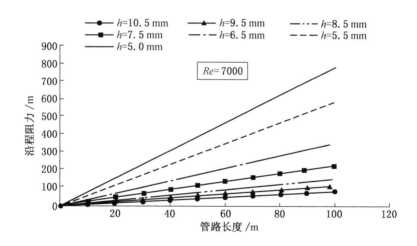

图 3 – 9　$Re = 7000$ 时不同环形间隙条件下沿程阻力随管路长度变化规律

　　由图 3 – 8 和图 3 – 9 可以看出，无论是低雷诺数还是高雷诺数情况下，不同环形间隙的管路中的沿程阻力，均随着管路长度的增加呈线性增加。

表 3－10 所列数据是通过式（3－12）计算出的不同环形空间在雷诺数分别为 200、1000、3000、6000、7000 时所得到的百米沿程阻力。

表 3－10 　百米沿程阻力

Re	百米沿程阻力/m						
	$h = 10.5$ mm	$h = 9.5$ mm	$h = 8.5$ mm	$h = 7.5$ mm	$h = 6.5$ mm	$h = 5.5$ mm	$h = 5.0$ mm
200	2.367053	3.199995	4.472072	6.5154	10.0156	16.541	22.0208
1000	11.8353	16	22.3604	32.5722	50.0782	82.7048	110.1041
3000	35.5058	47.9999	67.0811	97.7316	150.2346	248.1144	330.3124
6000	71.0116	95.9998	134.1662	195.4633	300.4692	496.2288	660.6248
7000	82.8469	111.9998	156.5225	228.0405	350.5474	578.9336	770.7289

将表 3－10 中的数据绘制成图（图 3－10），得到百米沿程阻力随雷诺数的变化规律。

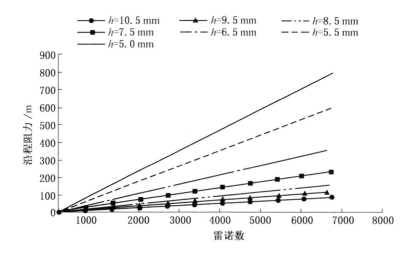

图 3－10 　百米沿程阻力随雷诺数的变化规律

由图 3－10 可以看出，虽然在前面已分析得出阻力系数随雷诺数的增加呈减小趋势，但在同一环形间隙下，计算得到的百米沿程阻力是随雷诺数的增大而增大的,亦即流体速度越大,在环形管道内需克服的阻力越大。

4. 环形间隙中空气压降计算方法

由第二章分析可知,可压缩气体在管路中的流动遵循能量方程(即实际总流的伯努利方程),表达式如下:

$$\frac{k}{k-1} \frac{p_1}{\rho_1} + \frac{v_1^2}{2} + gz_1 = \frac{k}{k-1} \frac{p_2}{\rho_2} + \frac{v_2^2}{2} + gz_2 + W_f \qquad (3-13)$$

其中:p_1 可认为是管路输入断面的静压力,p_2 为管路输出断面的静压力;气体在输送过程中为降压膨胀过程,因此伴随着密度的降低,因此,ρ_1 和 ρ_2 分别代表输入端和输出端气体的密度,v_1 和 v_2 分别为两端的速度,z_1 和 z_2 为两端面相对基准面的高度,W_f 为由于摩擦产生的沿程阻力损失;对于空气,$k = 1.4$;式中各物理量单位均为标准国际单位。

此外,等熵流动状态方程:

$$\frac{p_0}{\rho_0^k} = \frac{p_1}{\rho_1^k} = \frac{p_2}{\rho_2^k} \quad (\text{对于空气,} k = 1.4) \qquad (3-14)$$

气体状态方程:

$$p = \rho R T \qquad R = 287.053 \text{ m}^2/\text{s}^2 \cdot \text{K} \qquad (3-15)$$

流量及速度方程:

$$Q = \frac{W}{\rho} \qquad v = \frac{Q}{S} \qquad (3-16)$$

其中,W 为质量流量,S 为环形断面面积。

联立式(3-12)、式(3-13)、式(3-14)、式(3-15)和式(3-16),并忽略断面高差,其中输入端的压力、速度、质量流量以及管路的环形断面面积均可测,沿程阻力损失可计算得出,通过联立式(3-12)~式(3-16)可计算得到出口断面的密度 ρ_2,再通过式(3-14)可得出口断面压力 p_2,从而管路气体压降 $\Delta p = p_1 - p_2$。

四、基于 Fluent 的环形空间流场数值模拟

1. 环形空间最小供风量估算

煤屑颗粒的输送气流速度应为 18~40 m/s,即无论是钻杆中心管还是孔壁空间,使钻屑发生运移由孔底输送到孔口,输送气流的速度均应在上述范围内;根据现场经验可知,孔壁排渣空间较大,无法达到较高的输送速度,孔壁排渣应为低压输送,为了能够使钻屑在输送过程中不发生沉降,输送气流的速度至少应达到 18 m/s。将输送气流的速度和过流断面参数列于表 3-11,可得环形空间的供风量应至少为中心管和孔壁空间两部分回风量之和。

表3-11　环形空间最小供风量计算表格

参　　数	中　心　管		孔壁空间
输送速度/(m·s⁻¹)	18	40	18
直径/m	0.032	0.021	—
面积/m²	0.000804	0.000346	0.00290136
流量/(m³·s⁻¹)	0.014469	0.013847	0.05222448
体积流量/(m³·min⁻¹)	0.868147	0.830844	3.1334688
环形空间最小体积流量约为4.1 m³/min			

2. 环形空间流场数值模拟

1）模型建立及网格划分

采用 ANSYS Workbench 中的 Design Modeler 和 Mesh 组件建立环形空间的物理模型并划分网格，如图3-11所示。本书仅以中心管最大和最小两种情况进行模拟分析。

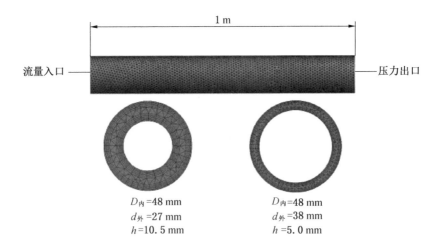

$D_内$=48 mm　　　　$D_内$=48 mm
$d_外$=27 mm　　　　$d_外$=38 mm
h=10.5 mm　　　　h=5.0 mm

图3-11　环形空间数值模拟物理模型

2）设定边界条件

环形管路内的流体介质为可压缩空气，因此，将环形空间的输入端设置为质量流量入口（Mass-flow-inlet），将体积流量4.1 m³/min 转换为相对压力0.2 MPa 下的质量流量；输出端设置为压力出口（Pressure-outlet），各边界条件取值见表3-12。

表 3 – 12 边 界 条 件 设 置

边界名称	参 数
流量入口	0.16 kg/s
压力出口	0.1 MPa

3）模拟结果

湍流模型选择标准 $k - \varepsilon$ 两方程模型，增强壁面函数，流体介质选择理想气体可压缩空气，利用 Fluent 计算模块分别得到环形管路内部流场的情况，如图 3 – 12 ~ 图 3 – 15 所示。

图 3 – 12 $h = 10.5$ mm 时环形管路内压力分布云图

图 3 – 13 $h = 10.5$ mm 时环形管路内空气密度分布云图

图 3 – 12、图 3 – 14 和图 3 – 13、图 3 – 15 所示分别为环形空间内压力和空

图 3 – 14　$h = 5.0$ mm 时环形管路内压力分布云图

图 3 – 15　$h = 5.0$ mm 时环形管路内空气密度分布云图

气密度分布云图，由图可以看出，环形管路的输入端压力和空气密度最高，随着在管路中的流动，压力和空气密度逐渐降低，原因在于管道内的压力一部分需要克服沿程阻力造成一定的压损，另一部分转化为动能促进空气流动，压力下降必然造成压缩空气的膨胀，导致空气密度的降低。

　　图 3 – 16 ～ 图 3 – 19 所示分别为环形空间中间层的平均相对压力和平均速度在管路中的变化曲线。从图 3 – 16 和图 3 – 17 可以得出，环形空间中间层上的压力衰减近似符合线性规律，且在输入相同质量流量的条件下，小的过流断面（$h = 5$ mm）所需的输入静压要高于大的过流断面（$h = 10.5$ mm）。从图 3 – 18 和图 3 – 19 可以得出，环形空间中间层上的速度是逐渐增大的，且首先在输入端到 0.1 m 范围内急剧增大，0.1 m 之后增幅逐渐减小，但小的过流断面增幅减小较慢；在相同输入质量流量的条件下，环形空间轴向上任意相同位置，过流断面较小的环形空间内的空气速度均大于过流断面较大环形空间内的速度。

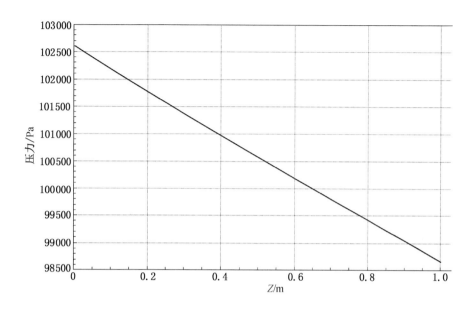

图 3 - 16　$h = 10.5$ mm 时环形空间中间层压力变化曲线

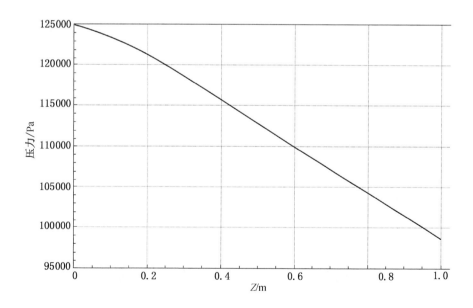

图 3 - 17　$h = 5.0$ mm 时环形空间中间层压力变化曲线

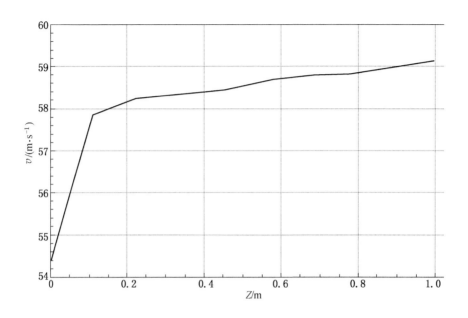

图 3 - 18 $h = 10.5\ \text{mm}$ 时环形空间中间层速度变化曲线

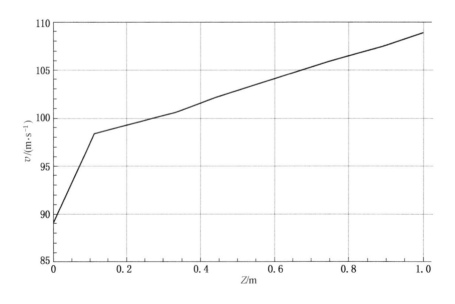

图 3 - 19 $h = 5.0\ \text{mm}$ 时环形空间中间层速度变化曲线

将环形管路进出口的压力列于表3－13，对于长度为1 m的输送管路，输送相同的质量流量0.16 kg/s时，$h＝5.0$ mm的环形管路的压降近似于线性衰减，因此对于任意相同长度的输送环形输送管路，当输入流量为0.16 kg/s时，$h＝5.0$ mm的环形管路的压降均约为$h＝10.5$时的6.7倍。

表3－13 环形管路的进出口压力

参 数	$h＝10.5$ mm	$h＝5.0$ mm
输入端压力/MPa	0.1026	0.1248
输出端压力/MPa	0.0987	0.0986
压降/MPa	0.0039	0.0262

五、煤矿井下工况条件下环形管路压降计算

经煤矿井下统计可知，掘进工作面或采煤工作面顺槽钻孔施工地点的压风管在全封闭时全压范围多为0.5～0.6 MPa，普通钻杆在正常打钻过程中输入端静压范围为0.2～0.3 MPa，风量范围经过实测为6～7 m³/min，换算为相应压力情况下的质量流量为0.35～0.55 kg/s，远大于环形空间所需的最小供风量0.16 kg/s。

根据表3－7、式（3－6）和式（3－12）计算得到环形间隙$h＝10.5$ mm和5 mm时分别对应风量6～7 m³/min条件下环形管路的沿程阻力系数λ和A值，见表3－14。

表3－14 煤矿井下压风工况条件下λ和A值

体积流量/(m³·min⁻¹)	环形间隙/m	环形面积/m²	风速/(m·s⁻¹)	雷诺数	λ	A
6	0.0105	0.001236	80.88161	113234.3	0.000843	13.40
	0.005	0.000675	148.1262	98750.8	0.000971	108.73
7	0.0105	0.001236	97.05793	135881.1	0.000703	16.08
	0.005	0.000675	177.7514	118501	0.000809	130.47

通过数值模拟分析，环形空间内压缩空气的密度由输入端到输出端是逐步降低的，但降低幅度较小，因此，对煤矿井下压风工况下环形管路压损进行估算，假设压缩空气密度为输入端空气起始密度，且输送过程中不发生变化，从而空气

速度恒定不变，进而将式（3 – 13）简化为

$$\frac{k}{k-1}\frac{p_1}{\rho g}=\frac{k}{k-1}\frac{p_2}{\rho g}+Al \tag{3-17}$$

进一步有：

$$p_2=\frac{34.3p_1-9.8\rho Al}{34.3} \tag{3-18}$$

　　将表3 – 14中 A 值代入式（3 – 18），并查阅相关压力下的 ρ 值，经计算，不同长度 l 的环形管路，其输出端压力 p_2 分别见表3 – 15。

表3 – 15　不同长度管路压力变化情况

l/m	体积流量/($m^3 \cdot min^{-1}$)	环形间隙/mm	A	p_1/Pa	$\rho/(kg \cdot m^{-3})$	p_2/Pa
0						200000
10						199865.7205
20						199731.441
30						199597.1615
40						199462.8821
50	6	10.5	13.4	200000	3.5073	199328.6026
60						199194.3231
70						199060.0436
80						198925.7641
90						198791.4846
100						198657.205
0						200000
10						198910.4322
20						197820.8644
30						196731.2966
40						195641.7288
50	6	5	108.73	200000	3.5073	194552.161
60						193462.5932
70						192373.0254
80						191283.4576
90						190193.8898
100						189104.322

表3-15（续）

l/m	体积流量/(m³·min⁻¹)	环形间隙/mm	A	p₁/Pa	ρ/(kg·m⁻³)	p₂/Pa
0						300000
10						299785.1528
20						299570.3056
30						299355.4585
40						299140.6113
50	7	10.5	16.08	300000	4.6764	298925.7641
60						298710.9169
70						298496.0698
80						298281.2226
90						298066.3754
100						297851.528
0						300000
10						298256.7717
20						296513.5434
30						294770.3151
40						293027.0868
50	7	5	130.47	300000	4.6764	291283.8585
60						289540.6301
70						287797.4018
80						286054.1735
90						284310.9452
100						282567.717

将表3-15中数据绘制成图，如图3-20和图3-21所示。

通过图3-20和图3-21可以看出，环形空间的管路压力均随管路长度呈线性衰减趋势，与数值模拟得出的结论相同；相同的输入端条件时，环形空间越小，管路压损越大。当管路长度为100 m，环形间隙为5 mm时，不同输入风量条件下，管路输出端压降分别为0.011 MPa（6 m³/min时）和0.017 MPa（7 m³/min时），相对输入端压力来说，压降较小可忽略不计；同时，输入风量远大于最小需求风量（0.16 kg/s）。对于双壁钻杆来说，中心管直径越大，钻屑颗粒输送时需要克

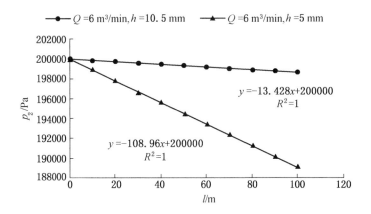

图 3-20　风量为 6 m³/min 时不同长度管路压降曲线

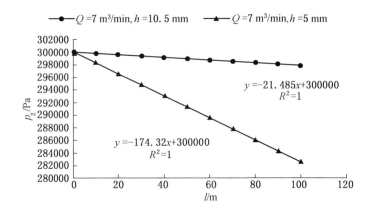

图 3-21　风量为 7 m³/min 时不同长度管路压降曲线

服的阻力越小、消耗的能量越小，因此，当环形间隙为 5 mm 时，对于环形空间的阻力影响较小，但更有利于中心管钻屑的输送，综合气力输送工程计算、环形空间沿程阻力计算以及数值模拟得出：中心管直径为 32 mm、环形间隙为 5 mm 时满足煤矿井下反循环取样的需求。

　　基于上述双壁钻杆内部空间参数的确定方法，对外径为 42 mm、50 mm、63 mm、89 mm 的钻杆进行了中心管和环形空间尺寸参数的研究，研究发现，当中心管过流面积与环形空间过流面积比例约为 1.2 时，所设计的双壁钻杆均能满足煤矿井下反循环取样的需求。

第二节 取样喷射钻头及内嵌环形喷射器参数

取样钻头是钻孔底部破碎煤岩的主要部件，对于煤矿井下普通打钻钻头来说，钻头的结构主要是钻头基体、钻齿及兼顾冷却钻齿和冲洗钻孔的外喷孔，然而对于井下反循环取样钻头来说，其首先应该具有普通钻头的打钻功能，其次在此基础上设计用于取样的特殊结构。

借鉴了地勘领域的反循环概念和设计理念，同时又参考了煤矿普通钻头的结构，进而形成了适合煤矿井下施工煤层钻孔的反循环取样钻头的基本结构，即内置喷反装置的取样钻头。在地质勘探钻孔中使用的潜孔锤或其他全空气反循环取样钻头，通常在钻头内部嵌入特殊的喷反装置，如图3-22所示的喷反接头，该部件在风压为1~3 MPa时可在钻头内部形成一定的抽吸负压，能够将钻孔底部的钻屑抽吸入钻头内部，然而煤矿井下高压风管的风压在用风地点通常为0.4~

图3-22 地勘反循环喷反接头

0.6 MPa，无法达到喷反接头的额定工作压力，通过在实验室的实验也证明了在较低风压下喷反接头无法使用的结论。因此，本书在研究过程中借鉴了气力输送领域的喷射器技术，根据孔底取样的特点，选取了环形喷射器作为钻头内部喷反装置；另一方面，针对近水平和大仰角上向钻孔，为防止孔底钻屑受重力作用无法积聚在钻头附近，通过研究钻头合理的外喷孔结构，使通过外喷孔的风流在保证冷却钻齿的作用前提下，实现类似风幕的作用，将孔底扰动的钻屑封堵在钻头附近，并通过控制风流方向将钻屑压入钻头内部；第三方面，通过煤矿井下实际钻孔的钻屑粒度考察，选取合理的钻齿结构。为匹配第三章中举例说明的 ϕ73 mm 宽叶片双壁螺旋钻杆，本书选取 ϕ95 mm 钻头作为研究对象，借助数值模拟、实验室实验和现场考察的方法完成钻头以上三方面的研究，进而形成适合煤矿井下反循环取样的钻头的合理的内外结构。

一、钻头内嵌环形喷射器的研究与设计

1. 喷射器工作原理及描述方程

喷射器根据其用途不同分为若干种，但按照其结构一般分为中心喷嘴喷射器和环形喷嘴喷射器，与中心喷嘴喷射器相比，环形喷嘴喷射器除具有与前者相同

的引射性能外，其流道结构更为简单，由于其吸入口和喉管处于同轴线上，被吸入的流体不需改变流向，更适合抽吸含有较高固相浓度和较大固体颗粒度的流体，比如煤粉或颗粒，因此，基于煤层取样的目的、使用环境和钻头的结构，用于井下反循环取样钻头中的喷射器确定为环形喷嘴喷射器，环形喷射器的基本结构如图 3 - 23 所示。

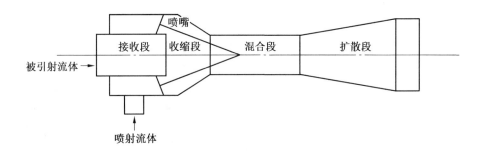

图 3 - 23　环形喷射器结构示意图

喷射器是利用射流紊动扩散作用，进行传质传能的流体机械和混合反应设备。该装置由喷嘴、吸入室（接收段）、收缩段、喉管（混合段）、扩散管（扩散段）组成，其结构示意图如图 3 - 23 所示。一定压力的工作流体（喷射流体）从动力源沿压力管路进入喷嘴，在喷嘴出口处由于射流和空气之间的黏滞作用，把喷嘴附近的空气带走，使喷嘴附近形成一定的真空度，在外界大气压力的作用下，被引射流体经吸入室（接收段）被吸入，并随高速工作流体一同进入喉管内（混合段），在喉管内两股流体发生能量和质量交换，工作流体将一部分能量传递给被引射流体，这样工作流体速度减慢，被吸入的流体速度加快，到达喉管末端时两股流体的速度渐趋一致，混合过程基本完成，然后进入扩散管，在扩散管内部分动能转化为压能，使混合后的流体速度逐渐降低，压力上升，最后通过排出管路排出。

升高被引射流体的压力而不直接消耗机械能是喷射器的最主要特点，而喷射器的主要缺点是传能效率较低，这是由于两股流体混合时产生较大的能量损失，另外，在运行过程中由于缺少运动部件不易调节。

对于各类喷射器，虽然流体的性质和物理状态不同，但是无一例外地可用如下 3 个基本定律来描述。

1）能量守恒定律

$$h_\mathrm{p} + \mu h_\mathrm{s} = (1 + \mu) h_\mathrm{m} \qquad (3 - 19)$$

$$\mu = \frac{q_{m,s}}{q_{m,p}} \tag{3-20}$$

式中　　h_p——工作流体的比焓，J/kg；

　　　　μ——引射系数；

　　　　h_s——被引射流体的比焓，J/kg；

　　　　h_m——混合流体的比焓，J/kg；

　　　　$q_{m,s}$——被引射流体的质量流量，kg/s；

　　　　$q_{m,p}$——工作流体的质量流量，kg/s。

　2）质量守恒定律

$$q_{m,m} = q_{m,p} + q_{m,s} \tag{3-21}$$

式中　$q_{m,m}$——混合流体的质量流量，kg/s。

　3）动量定理

$$\sum F = \sum A \int \mathrm{d}p = q_{m,p}(1+\mu)v_m - q_{m,p}v_p - q_{m,s}v_s \tag{3-22}$$

式中　　F——力，N；

　　　　A——面积，m^2；

　　　　p——压力，Pa；

　　　　v_m——混合段出口截面上混合流体的速度，m/s；

　　　　v_p——混合段入口截面上工作流体的速度，m/s；

　　　　v_s——混合室入口截面上被引射流体的速度，m/s。

　2. 喷射器的性能参数

　　喷射器的基本方程形式为 $P = f(M,R)$，它是研究喷射器压力、流量与几何尺寸的关系式，反映了喷射器内能量的变化和主要部件（喷嘴、喉管、扩散段和喉管进口段）对喷射器性能的影响，是设计、制造和运用喷射器的理论基础。各参数定义如下：

　　（1）面积比：

$$R = \frac{A_t}{A_j} = \frac{\dfrac{\pi D_t^2}{4}}{n\,\dfrac{\pi d^2}{4}} = \frac{D_t^2}{nd^2} \tag{3-23}$$

式中　　A_t——喉管截面面积，m^2；

　　　　A_j——喷嘴出口截面面积之和，m^2；

　　　　D_t——喉管直径，m；

　　　　d——喷嘴直径，m；

　　　　n——喷嘴个数，个。

（2）流量比：

$$M = \frac{q_3}{q_1} = \frac{v_3 A_t}{v_1 A_j} = \frac{v_3 D_t^2}{v_1 n d^2} \tag{3-24}$$

式中　q_1——工作流体流量，m^3/s；

　　　q_3——被引射流体流量，m^3/s。

（3）压力比：

$$P = \frac{\Delta p_3}{\Delta p_1} = \frac{\left(\dfrac{p_2}{\rho g} + \dfrac{\alpha_2 v_2^2}{2g} + z_2\right) - \left(\dfrac{p_3}{\rho g} + \dfrac{\alpha_3 v_3^2}{2g} + z_3\right)}{\left(\dfrac{p_1}{\rho g} + \dfrac{\alpha_1 v_1^2}{2g} + z_1\right) - \left(\dfrac{p_2}{\rho g} + \dfrac{\alpha_2 v_2^2}{2g} + z_2\right)} \tag{3-25}$$

式中　p——压力，Pa；

　　　g——重力加速度，m/s^2；

　　　z——位能，m；

　　　v——流体速度，m/s；

　　　α——动能修正系数；

　　　1——工作流体入口；

　　　2——喷射器出口；

　　　3——被引射流体入口。

则

$$v_3 = \frac{M}{R} v_1 \tag{3-26}$$

喷射器的效率定义为

$$\eta = MP \tag{3-27}$$

3. 钻头内嵌环形喷射器的结构设计

钻头中的喷射器，可在钻头内部形成一定的抽吸负压，将钻头钻齿剥落的孔底煤壁钻屑吸入钻杆中心管，并为钻屑在中心管中的输送提供一部分空气动力，因此，根据钻杆和钻头的连接形式以及钻屑的运动方向，将喷射器设计为如图 3-24 所示。采用该设计可以将喷射器与钻头、钻杆布置在同一轴线上，且吸入的孔底钻屑无须改变方向即可进入钻杆中心管，避免了由于输送方向改变导致局部阻力的产生或管路堵塞；同时，压缩空气可以从喷射器侧面进入，便于与钻杆的双壁空间进行连接。喷射器的内部结构如图 3-25 所示。

以图 3-25 进行说明，国内外已有研究表明，喷嘴（直径、安装角 β、个数）、喉管（直径、长度）、扩散段（扩散角、最大处直径）、喉管进口段（进口角 α）和面积比 R 是影响喷射器性能的主要参数。用于煤矿井下反循环取样装

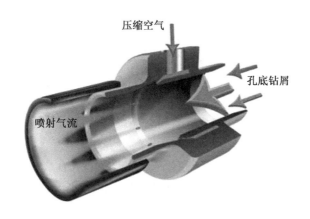

图 3 - 24　钻头内嵌环形喷射器结构形式

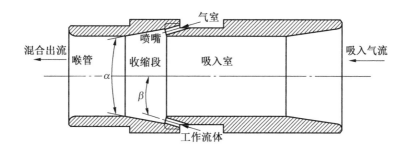

α—喉管进口角；β—喷嘴安装角
图 3 - 25　钻头内嵌环形喷射器内部结构名称

置中的喷射器，其钻屑和空气两相流出端需要与取样双壁钻杆中心管相配合连接，为了降低连接处的局部阻力，使得钻孔底部钻屑顺利通过钻杆排出，必须使得喷射器喉管直径与钻杆中心管直径保持一致，所以不存在图 3 - 23 中所示的扩散段部分，即可认为钻杆中心管的长度即为喉管长度的延伸。

　　环形喷射器各结构的尺寸及位置不同，造成了通过喷嘴喷射出的工作流体的能量损失不同，从而影响喷射器的性能。通常造成工作流体能量损失的原因在于各喷嘴喷射出的流体直接碰撞及与接触壁面的摩擦，为了降低工作流体的能量损失，一般来说喷嘴安装角 β 较小时，各工作射流之间的夹角就可能小，就会减小撞击损失，但 β 较小时，射流与收缩段壁面之间的间隙就会减小，在抽吸被引射流体时就会产生高速射流的附壁效应，射流沿收缩段壁面流动，由于射流速度很高，尽管射流沿壁面流动的路程很短，其摩擦损失也是比较大的。此外，若工作流体沿喉管进口段壁面进入喉管，由于喉管进口角 α 较大，射流进入喉管后也会产生较大的撞击损失，因此，对于 β 较小的喷射器，就应使用较短的喉管与喷嘴之间的距离，减少射流沿喉管壁面流动的路程，同时还应选用较小的喉管进口角。针对本书研究的钻头内嵌环形喷射器，根据双壁钻杆内管的直径设定喷射器喉管的直径为 32 mm，根据上述喉管进口角 α 的确定原则及钻头内嵌喷射器的可加工壁厚，确定了进口角 α 为 11°。在确定了喉管直径及进口角的基础上，需要进一步研究喷嘴参数及吸入室长度对喷射器性能的影响。

4. 环形喷射器内部流场的数值模拟

运用 ANSYS Workbench 平台中的 Design modeler 模块进行钻头内嵌环形喷射器的模型建立，使用 Meshing 模块划分网格，并用 FLUENT 模块进行解算。本书的研究只针对喷嘴安装角、直径、数目及吸入室的长度等参数进行模拟分析。

1）控制方程、假设条件和湍流模型

（1）控制方程的建立。煤矿井下实际环境中，提供给喷射器的流体介质为压缩空气，它经过钻杆环隙空间以高速射流的形式进入喷射器喷嘴，在喷嘴出口处的气流速度可接近或超过声速，属于可压缩流动。通过 CFD 技术模拟仿真三维可压缩流动问题需要求解的基本物理守恒定律方程包括以下几个。

质量守恒方程：

$$\frac{\partial \rho}{\partial t} + \frac{\partial (\rho u)}{\partial x} + \frac{\partial (\rho v)}{\partial y} + \frac{\partial (\rho w)}{\partial z} = 0 \qquad (3-28)$$

动量守恒方程：

$$\begin{cases} \dfrac{\partial (\rho u)}{\partial x} + \mathrm{div}(\rho u \vec{\boldsymbol{u}}) = -\dfrac{\partial p}{\partial x} + \dfrac{\partial \tau_{xx}}{\partial x} + \dfrac{\partial \tau_{xy}}{\partial y} + \dfrac{\partial \tau_{xz}}{\partial z} + F_x \\[3mm] \dfrac{\partial (\rho v)}{\partial y} + \mathrm{div}(\rho v \vec{\boldsymbol{u}}) = -\dfrac{\partial p}{\partial y} + \dfrac{\partial \tau_{yx}}{\partial x} + \dfrac{\partial \tau_{yy}}{\partial y} + \dfrac{\partial \tau_{yz}}{\partial z} + F_y \\[3mm] \dfrac{\partial (\rho w)}{\partial z} + \mathrm{div}(\rho w \vec{\boldsymbol{u}}) = -\dfrac{\partial p}{\partial z} + \dfrac{\partial \tau_{zx}}{\partial x} + \dfrac{\partial \tau_{zy}}{\partial y} + \dfrac{\partial \tau_{zz}}{\partial z} + F_z \end{cases} \qquad (3-29)$$

能量守恒方程：

$$\frac{\partial (\rho T)}{\partial t} + \mathrm{div}(\rho \vec{\boldsymbol{u}} T) = \mathrm{div}\left(\frac{k}{c_p}\mathrm{grad}T\right) + S_T \qquad (3-30)$$

状态方程：

$$p = p(\rho, T) \tag{3-31}$$

式中

ρ——密度；

t——时间；

u、v、w——速度矢量 $\vec{u}$ 在 x、y、z 方向上的分量；

p——流体微元的压力；

$\mathrm{div}(\vec{a})$——哈密顿算子；

$\tau_{ij}(i,j = x,y,z)$——作用在微元体表面上的黏性应力分量；

$F_i(i = x,y,z)$——作用在微元体上的体力分量；

T——温度；

k——流体的传热系数；

c_p——比定压热容；

S_T——流体的内热源及由于黏性作用流体机械能转换为热能的部分，简称黏性耗散项。

（2）假设条件。在环形喷射器的数值模拟中做如下假设：

① 流体部分存在各向异性、非均匀性；

② 流体运动看作是连续运动；

③ 流体为可压缩流体，其黏度的影响不可忽略；

④ 忽略重力影响；

⑤ 该过程是稳态的。

（3）湍流模型的建立。由于环形喷射器内部是高速可压缩流体流场，气体流动情况复杂，各喷嘴气体间存在着相互碰撞与干涉，喷嘴气体与壁面间也存在碰撞，因此在模拟中湍流模型选择能够对三维复杂流动有更精确预测能力的雷诺应力模型（RSM），其模型表述如下：

$$\frac{\partial}{\partial t}(\rho\,\overline{u_i u_j}) + \frac{\partial}{\partial x_k}(\rho U_k\,\overline{u_i u_j}) = -\frac{\partial}{\partial x_k}\left[\rho\,\overline{u_i u_j u_k} + \overline{p(\delta_{kj}u_i + \delta_{ik}u_j)}\right] +$$

$$\frac{\partial}{\partial x_k}\left(\mu\frac{\partial}{\partial x_k}\overline{u_i u_j}\right) - \rho\left(\overline{u_i u_k}\frac{\partial U_j}{\partial x_k} + \overline{u_j u_k}\frac{\partial U_i}{\partial x_k}\right) -$$

$$\rho\beta(g_i\,\overline{u_j\theta} + g_j\,\overline{u_i\theta}) + p\left(\frac{\partial u_i}{\partial x_j} + \frac{\partial u_j}{\partial x_i}\right) -$$

$$2\mu\,\overline{\frac{\partial u_i}{\partial x_k}\frac{\partial u_j}{\partial x_k}} - 2\rho\Omega k(\overline{u_j u_m}\varepsilon_{ikm} + \overline{u_i u_m}\varepsilon_{jkm}) \tag{3-32}$$

式中：左边的第二项是对流项 C_{ij}，右边第一项是湍流扩散项 D_{ij}^T，第二项是

分子扩散项 D_{ij}^L，第三项是应力产生项 P_{ij}，第四项是浮力产生项 G_{ij}，第五项是压力应变项 ϕ_{ij}，第六项是耗散项 ε_{ij}，第七项是系统旋转产生项 F_{ij}。

在式（3-32）中，C_{ij}、D_{ij}^L、P_{ij}、F_{ij} 不需要模拟，而 D_{ij}^T、G_{ij}、ϕ_{ij}、ε_{ij} 需要模拟以封闭方程。

在 Fluent 中采用标量湍流扩散模型：

$$D_{ij}^T = \frac{\partial}{\partial x_k} \left(\frac{\mu_t}{\sigma_k} \frac{\partial \overline{u_i u_j}}{\partial x_k} \right) \tag{3-33}$$

式中：湍流黏性系数用 $\mu_t = \rho C_\mu k^2 / \varepsilon$ 来计算，k 为湍动能，$\sigma_k = 0.82$。

压力应变项可分解为三项，即

$$\phi_{ij} = \phi_{ij,1} + \phi_{ij,2} + \phi_{ij}^w \tag{3-34}$$

式中：$\phi_{ij,1}$、$\phi_{ij,2}$、ϕ_{ij}^w 分别是慢速项、快速项和壁面反射项。

浮力引起的产生项 G_{ij} 为

$$G_{ij} = \beta \frac{\mu_t}{P_{rt}} \left(g_i \frac{\partial T}{\partial x_j} + g_j \frac{\partial T}{\partial x_i} \right) \tag{3-35}$$

式中　P_{rt}——湍动 Prandtl 数；

　　　β——热膨胀数；

　　　g_i——重力加速度在第 i 方向的分量。

耗散张量 ε_{ij} 为

$$\varepsilon_{ij} = \frac{2}{3} \delta_{ij} (\rho \varepsilon + Y_M) \tag{3-36}$$

$$Y_M = 2\rho \varepsilon M_t^2 \tag{3-37}$$

式中　M_t——马赫数；

　　　ε——耗散率。

2）不同喷嘴安装角对喷射器性能的影响

（1）物理模型的建立与网格划分。以图 3-24 所示的环形喷射器为基本模型，为便于进行数值模拟计算，使物理模型尽可能与实物相符，将模型进行了适当的简化，简化模型的二维平面图如图 3-26 所示。

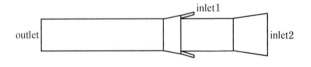

inlet1—工作流体入口；inlet2—被引射流体入口；outlet—混合流体出口

图 3-26　环形多喷嘴喷射器简化模型

　　已有研究表明。对于较小口径的环形多喷嘴喷射器，其喷嘴的个数并非越多越好，原因在于更多的喷嘴喷射出的工作流体容易相互碰撞造成能量的损失，而当喷嘴个数为 4~6 个时，只要确定合理的安装角和喷嘴直径就能够使喷射器发挥更好的作用，消耗的能量更少。本书选择沿喷射器截面圆周分布更均匀的 6 喷嘴方案，首先研究不同喷嘴安装角情况下的喷射器性能的变化，以确定最佳的喷嘴安装角，模拟方案中设定喷嘴安装角分别为 10°、15°、20°、25°、30°，喷嘴直径为 2 mm。使用 Design modeler 建立三维物理模型如图 3 - 27 所示。

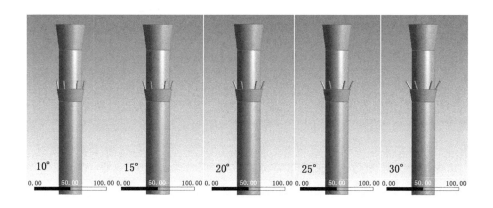

图 3 - 27　不同喷嘴安装角的环形喷射器物理模型

　　将 Design modeler 建立的三维物理模型导入 Meshing 模块进行网格划分，网格类型为四面体网格。在喷嘴出口和喉管入口区域，工作流体和被引射流体开始混合，进行动量剪切和能量交换，存在较大的紊流剪切力；同时在受壁面限制的流动中，因为壁面附近流场变量的梯度较大，所以壁面对湍流计算的影响很大。因此为了解决 CFD 分析中的高梯度流量变化和近壁面复杂的物理特性，需要对喷射器局部和壁面附近进行特殊处理。处理的方法是将整体网格和局部网格设置膨胀附面层，同时在 Fluent 计算前设置标准壁面函数法处理近壁面问题，在中心管和喷嘴处进行网格加密，以此来提高计算的精度，使模拟结果最大化地接近实际情况。网格划分情况如图 3 - 28 所示。

　　（2）边界条件与求解控制。由于存在可压缩现象，因此在模型入口处优先选择质量入口边界条件。设定 6 个喷嘴入口为 inlet1，边界类型为质量入口，输入质量流量、总温、静压、流动方向、湍流参数等；设定喷射器被引射流体入口

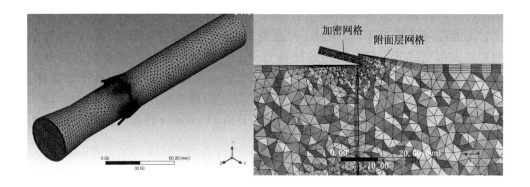

图 3 - 28　环形喷射器网格划分

为 inlet2，边界类型为压力出口，允许有回流，输入静压和回流条件等参数；设定喷射器混合流体出口为 outlet，边界类型为压力出口，允许有回流，输入静压和回流条件等参数；其他表面均采用壁面边界条件，壁面附近采用标准壁面函数法。边界条件主要参数设定见表 3 - 16。

表 3 - 16　边界条件主要参数设定

边界类型	名　　　称	参数设置
Mass Flux	（inlet1）喷嘴进风质量流量/$(kg \cdot s^{-1})$	0.06
Pressure Outlet	（inlet2）中心管进口静压/Pa	101325
Pressure Outlet	（outlet）中心管出口静压/Pa	101325

　　为适应高速可压缩流动，采用耦合隐式计算方式，并设置二阶格式离散控制方程中的黏性项、中心差分格式离散扩散项和二阶格式离散对流项。

　　（3）数值模拟结果与分析。

　　① 压力模拟结果。图 3 - 29 ~ 图 3 - 33 所示为喷嘴安装角为 10°、15°、20°、25°、30°时的喷射器中心位置纵剖面的压力分布情况。图 3 - 34 所示为喷射器中轴线上不同位置的压力分布情况。

　　从图 3 - 29 ~ 图 3 - 33 可以看出，在进口风量相同的情况下，喷嘴安装角为 10°和 15°时，喷射器内部的最低压力区域范围最大，且比较均匀，其中 15°安装

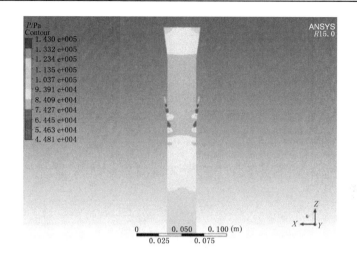

图 3 - 29　喷嘴安装角为 10°的压力云图

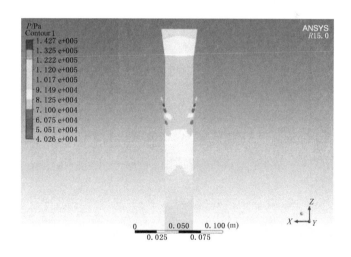

图 3 - 30　喷嘴安装角为 15°的压力云图

角时，形成的负压最大。随着喷嘴安装角的变大，最低压力区域的范围逐渐减小。

从图 3 - 34 可以看出，五种喷嘴安装角的情况下，在喷射器被引射流体入口端（inlet2）均能形成一定的负压，其中 15°安装角所形成的负压值最大，有着

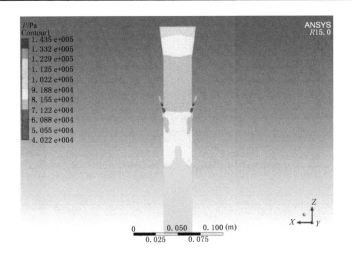

图 3 - 31　喷嘴安装角为 20° 的压力云图

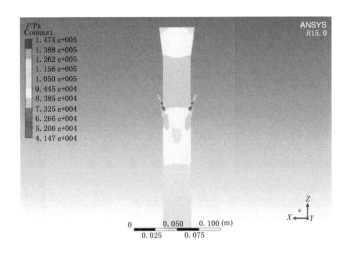

图 3 - 32　喷嘴安装角为 25° 的压力云图

更强的抽吸作用；被引射流体入口端到喷嘴位置，压力逐渐降低至喷射器所能形
成的最大负压值，喷嘴到混合流体出口端，压力又逐渐升高，最后接近正常大气
压；从曲线变化情况来看，喷嘴安装角为 10°、15° 和 20° 时压力变化波动较小，
25° 和 30° 时压力波动较大，反映出了 10° ~20° 喷嘴安装角时喷射器内部压力变

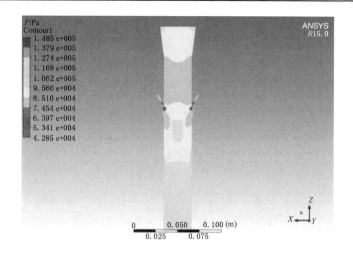

图 3 - 33 喷嘴安装角为 30°的压力云图

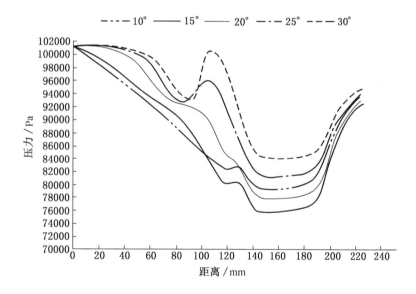

图 3 - 34 喷射器中轴线压力变化曲线

化较均匀，流场较稳定；从曲线压力最低值来看，10°安装角时所产生的负压最大为 - 21 kPa，15°安装角时所产生的负压最大为 - 26 kPa，20°安装角时所产生的负压最大为 - 23 kPa，25°安装角时所产生的负压最大为 - 20 kPa，30°安装角时所产生的负压最大为 - 17 kPa。

　　从压力分布情况分析，15°喷嘴安装角的喷射器性能最好。

　　② 速度模拟结果。图 3 - 35 ~ 图 3 - 39 所示为喷嘴安装角为 10°、15°、20°、25°、30°时的喷射器中心位置纵剖面的速度分布情况。图 3 - 40 所示为喷射器中轴线上不同位置的速度分布情况。图 3 - 41 所示为喷射器内部气流的流动方向情况。

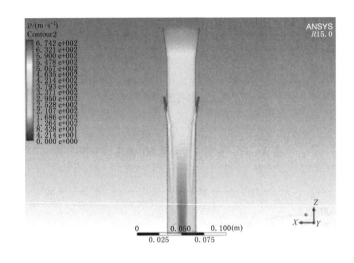

图 3 - 35　喷嘴安装角为 10°的速度云图

　　从图 3 - 35 ~ 图 3 - 39 可以看出，喷嘴安装角为 10°、15°、20°、25°、30°时，工作流体通过喷嘴喷射入喷射器内部空腔，均能够带动喷射器被引射流体入口处静止的空气产生流动，从图 3 - 41 可以看出，被引射流体的流动方向与工作流体方向相同，不存在回流现象；从图 3 - 40 中可以看出，在喷射器工作流体质量流量为 0.06 kg/s 的情况下，被引射流体入口速度均大于 100 m/s，远远超过能够携带煤样钻屑颗粒运动的速度。

　　从速度云图上来看，通过喷嘴喷射出的工作流体在进入喷射器喉管后，其速度流线均发生了弯曲，且随着喷嘴安装角的增大，弯曲程度也越大，这是由于环形喷嘴喷射器纵向上是轴对称结构，6 个喷嘴喷射出的气体在喉管内交汇，发生碰撞，造成了喷射出的流体速度方向的改变，喷嘴安装角越大，喷射出的流体交汇越多，碰撞造成的能量损失也越大，而且会在交汇处形成风帘，对喷射器吸入的颗粒形成一种阻力效应。喷嘴安装角在 10°、15°、20°时，喷射流体速度方向改变较小，各喷嘴喷出的流体相互间影响较少，而 25°和 30°时，喷嘴喷出的

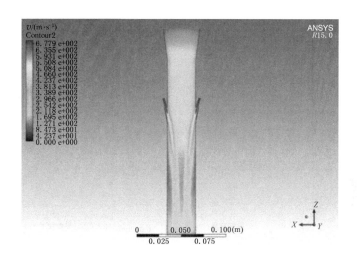

图 3 – 36　喷嘴安装角为 15°的速度云图

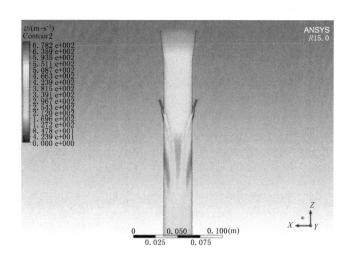

图 3 – 37　喷嘴安装角为 20°的速度云图

流体交汇明显增多，速度方向改变较大，不利于喷射器工作流体能量的充分利用。

　　喷嘴安装角为 10°时，由于与喉管进口角大小接近，因此喷射出的流体附着喉管壁面流动的范围较大，由壁面摩擦造成的能量损失也越大。

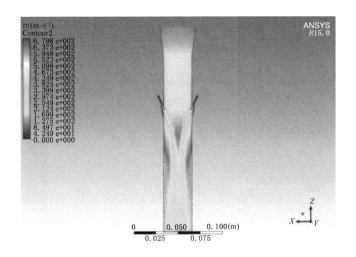

图 3 - 38　喷嘴安装角为 25° 的速度云图

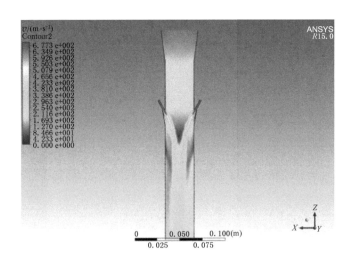

图 3 - 39　喷嘴安装角为 30° 的速度云图

　　通过图 3 - 40 喷射器中轴线上的速度变化曲线可知，喷嘴安装角为 15° 时，速度变化较缓，能量损失也最小，相对其他喷嘴安装角度情况工作流体的能量利用率最高。

　　从速度分布情况分析，15° 喷嘴安装角的喷射器性能最好。

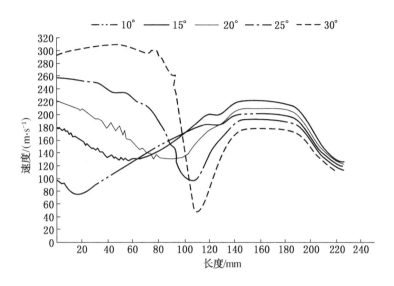

图 3-40　喷射器中轴线速度变化曲线

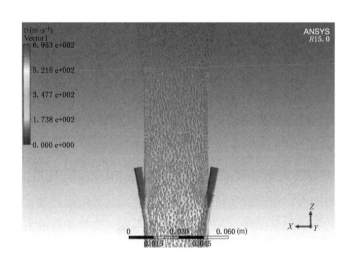

图 3-41　喷射器内部速度矢量图

（4）模拟结果数据分析。将模拟结果导出，分别得到工作流体入口（inlet1）和被引射流体入口（inlet2）的质量流量、体积流量和压力，并通过式（3-24）、式（3-25）和式（3-27）计算得出了体积流量比、压力比以及喷射器的效率，结果见表 3-17。

表 3 - 17　流量、压力数据汇总

项　　目	10°	15°	20°	25°	30°
工作流体质量流量/(kg · s⁻¹)	0.06	0.06	0.06	0.06	0.06
被引射流体质量流量/(kg · s⁻¹)	0.15	0.18	0.16	0.15	0.14
质量流量比	2.5	3.0	2.7	2.5	2.3
工作流体体积流量/(m³ · s⁻¹)	0.013	0.013	0.013	0.013	0.013
被引射流体体积流量/(m³ · s⁻¹)	0.138	0.158	0.142	0.134	0.126
体积流量比	10.62	12.15	10.92	10.31	9.69
工作流体全压/Pa	13288470	13300850	13289581	13274613	13275785
被引射流体全压/Pa	101375.6	101379.2	101377.9	101370.6	101365.9
压力比	0.0076288	0.0076220	0.0076284	0.0076364	0.0076354
效率/%	8.1	9.3	8.3	7.9	7.4

通过表 3 - 17 得出，在相同喷嘴直径和工作流体流量的情况下，当喷嘴安装角为 15°时，喷射器的流量比和压力比最大，效率最高，喷射器性能最好。

3）不同喷嘴直径对喷射器性能的影响

不同喷嘴直径条件下喷射器流场的研究表明，在同一喷嘴直径下，安装角在 15°时喷射器产生的负压最大，性能最好。为了研究喷嘴参数与喷射器性能之间的关系，将继续研究其在同一安装角时不同喷嘴直径条件下喷射器的内部流场，从而确定性能最佳的喷嘴直径。根据以上研究，将喷嘴安装角统一设定为 15°，喷嘴直径设置为 1.0 mm、1.5 mm、2.0 mm、2.5 mm。模型建立、网格划分、近壁面处理和求解控制方法等如前所述。模型如图 3 - 42 所示，网格划分情况与图 3 - 28 相同。

为了避免喷嘴直径大小对通过气体流量的影响，在本模拟中，将喷嘴进口的边界条件更改为压力进口条件，其余边界条件不变，边界条件的主要参数设定见表 3 - 18。

表 3 - 18　边界条件主要参数设定

边界类型	名　　称	参数设置
Pressure Inlet	（inlet1）喷嘴进口压力/Pa	400000
Pressure Outlet	（inlet2）中心管进口静压/Pa	101325
Pressure Outlet	（outlet）中心管出口静压/Pa	101325

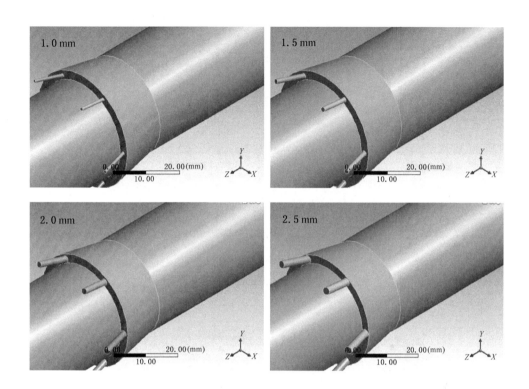

图 3 - 42　不同喷嘴直径的环形喷射器物理模型

将喷射器三维模型和边界条件载入 Fluent 中，为适应高速可压缩流动，采用耦合隐式计算方式，并设置二阶格式离散控制方程中的黏性项、中心差分格式离散扩散项和二阶格式离散对流项。模拟得出的结果如图 3 - 43 ~ 图 3 - 52 所示。

通过对固定喷嘴安装角而喷嘴直径不同的情况下喷射器内部流场的模拟可以得出以下结论：

（1）喷嘴直径为 1.0 ~ 2.5 mm 的喷射器，在一定的输入气体压力条件下，均能够产生负压，且在该直径范围内，最大负压随着喷嘴直径的增大而增大。

（2）从速度云图上来看，喷嘴直径越小，通过喷嘴的气体总量越少，引射流体的能量也就越低，从而使得喷射出的引射流体容易受到周围静止空气的影响，发生较大的扰动，不利于形成稳定的流场。

（3）从喷射器中轴线压力变化曲线来看，在输入气体压力为 0.4 MPa 的条

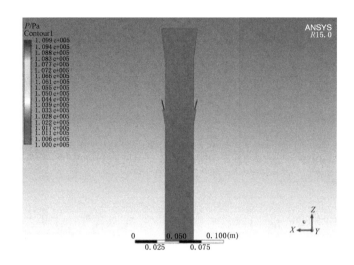

图 3 - 43　直径为 1.0 mm 时的压力云图

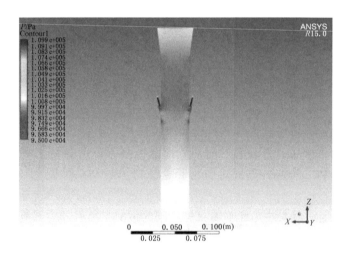

图 3 - 44　直径为 1.5 mm 时的压力云图

件下，喷嘴直径 2.5 mm 的喷射器产生的负压最大，最大值为 - 5 kPa，2.0 mm 直径的次之，负压最大值为 - 4 kPa，1.0 mm 直径的负压最大值最小，为 - 1 kPa。

（4）从喷射器中轴线速度变化曲线来看，虽然喷嘴直径 2.5 mm 的喷射器产

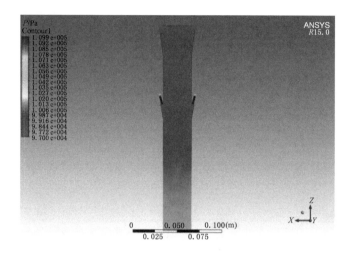

图 3 - 45　直径为 2.0 mm 时的压力云图

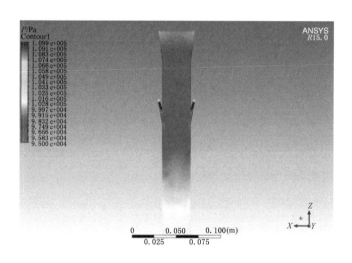

图 3 - 46　直径为 2.5 mm 时的压力云图

生的负压最大，但引射气流与被引射气流混合后在速度上升阶段，速度波动较大，造成此现象的原因是在相同外界输入压力的情况下，喷嘴越大，通过的气流量越多，由于喷射器内部空间有限，较宽的气流束通过喷嘴后彼此间更容易发生干涉影响，造成流动的紊乱和能量的损失，从图 3 - 49 中可以比较清楚地看到经

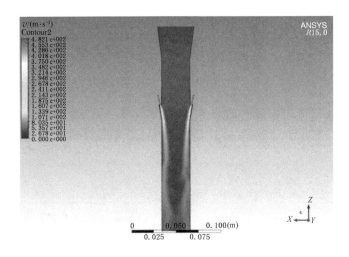

图 3 - 47　直径为 1.0 mm 时的速度云图

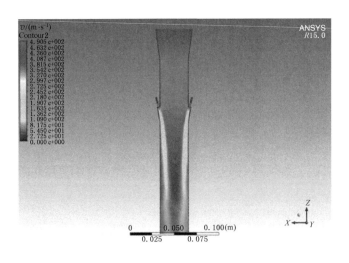

图 3 - 48　直径为 1.5 mm 时的速度云图

过喷嘴的喷射气流相互碰撞的现象，而喷嘴直径为 2.0 mm 的喷射器喷出气流间相互影响较少。

通过以上对不同喷嘴直径的环形多喷嘴喷射器流场的模拟结果分析可知，固定喷嘴安装角为 15°、喷嘴直径在 2.0 ~ 2.5 mm 范围时喷射器性能最佳，但在喷

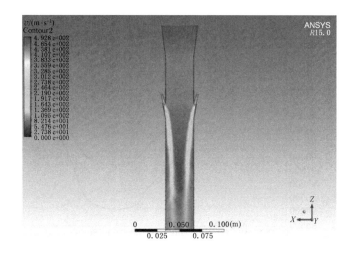

图 3 - 49　直径为 2.0 mm 时的速度云图

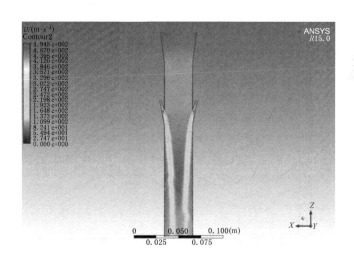

图 3 - 50　直径为 2.5 mm 时的速度云图

射器内部空间一定时，喷嘴直径越大，通过喷嘴的气流就越容易互相影响，造成能量损失并产生性能波动。

　　4）不同吸入室长度对喷射器性能的影响

　　设喷射器喉管直径为 d，为研究不同吸入室长度对喷射器性能的影响，将吸

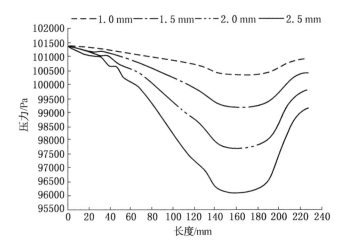

图 3 - 51　喷射器中轴线压力变化曲线

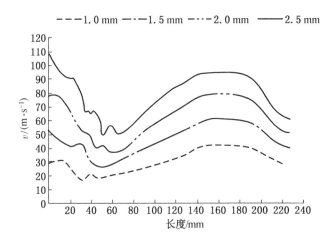

图 3 - 52　喷射器中轴线速度变化曲线

入室长度分别设定为 d、$1.5d$、$2d$ 和 $2.5d$，并以此建立了如图 3 - 53 所示的喷射器物理模型。

　　边界条件设置及求解方式均与前述相同，其中边界条件见表 3 - 19。

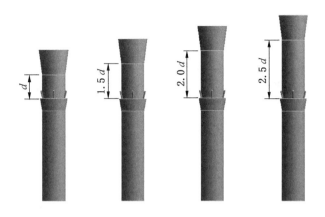

图 3 - 53　不同吸入室长度的环形喷射器物理模型

表 3 - 19　边界条件主要参数设定

边界类型	名　　称	参数设置
Mass Flux	（inlet1）喷嘴进风质量流量/（kg·s⁻¹）	0.06
Pressure Outlet	（inlet2）中心管进口静压/Pa	101325
Pressure Outlet	（outlet）中心管出口静压/Pa	101325

通过 Fluent 数值模拟得到了不同长度吸入室的喷射器内部流场，其压力云图与速度云图均与前述相似，在此不予赘述，仅绘制出了喷射器中轴线上的压力分布情况，如图 3 - 54 所示。

从图 3 - 54 可以看出，在给定的边界条件下，虽然喷射器中心轴线上均能产生低于标准大气压的负压，但是产生负压大小的模型排序依次是吸入室长度 $1.5d > d > 2d > 2.5d$，在喷射器右端吸入口处的静压力也符合上面的规律，而且吸入室长度为 $2d$ 和 $2.5d$ 时吸入口的静压均接近大气压力；同时图 3 - 54 也表明各模型中轴线上产生最低负压的位置大体相同，均在喷嘴出口附近。

图 3 - 54 说明吸入室长度对于喷射器产生负压的大小有一定的影响，而该影响并非单一趋势，吸入室过短或过长均不能使喷射器产生最大的抽吸负压，当长度为 1.5 倍的喉管直径时产生的负压较其他情况要大。存在该现象的可能原因为：吸入室过长，被引射流体需克服较多的沿程阻力与引射流体混合，在该过程

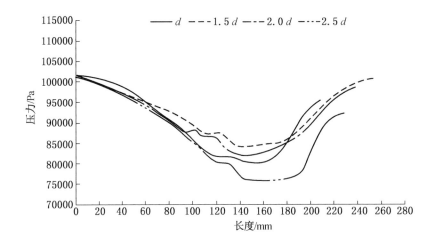

图 3 – 54　喷射器中轴线压力变化曲线

中会存在更多的能量耗散，因此使得负压绝对值减小；而吸入室过短时，引射流体通过喷嘴后产生的流场还不稳定，因此相对 1.5 倍长度的吸入室来说，负压绝对值稍小；此外，喷射器中心轴上最低负压位置与吸入室的长度无关，而与喷嘴的位置相关。

5. 钻头内嵌环形喷射器的实验室实验

通过对钻头内嵌环形喷射器不同喷嘴安装角和喷嘴直径以及不同长度吸入室条件下流场的模拟，可以得到以下结论：①在同一喷嘴直径条件下，喷嘴安装角在 15°时，喷射器产生的负压及喷射系数最大，喷射器性能最好；②在固定喷嘴安装角为 15°时，喷嘴直径在 2.0 ~ 2.5 mm 范围时喷射器性能较好；③在固定喷嘴安装角为 15°、直径为 2.0 mm 时，吸入室长度为 1.5 倍喉管直径的喷射器总体性能最优。

因此，针对以上结论，加工了不同喷射器的实物模型在实验室进行喷射器的性能研究。本书中的实验主要研究喷嘴安装角为 15°、吸入室长度为 1.5 倍喉管直径条件下喷嘴直径为 2.0 mm、2.1 mm、2.2 mm、2.3 mm、2.4 mm、2.5 mm 的喷射器性能。喷射器实物如图 3 – 55 所示。

实验方法：采用 0.2 MPa 的地面压风源给环形喷射器供风，考察喷射器出口端煤屑的粒度及单位时间内的抽吸质量；实验用的煤屑为 2 ~ 3 mm、5 ~ 7 mm、10 mm 以上粒度的混合煤样，混合比例为 1 : 2 : 3。实验情况如图 3 – 56 所示，实验数据见表 3 – 20。

图 3-55 喷嘴直径为 2.0~2.5 mm 的喷射器实物

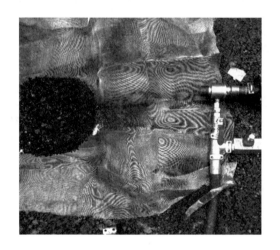

图 3-56 喷射器的地面实验室实验

表 3-20 喷射器实验室抽吸性能实验数据

喷嘴直径	单位时间平均抽吸量/ （kg·min⁻¹）	出口端粒度平均占比		
		2~3 mm	5~7 mm	≥10 mm
2.0 mm	4.57	67.3%	25.7%	7.0%
2.1 mm	4.72	62.5%	29.2%	8.3%
2.2 mm	4.66	70.4%	24.3%	5.3%
2.3 mm	4.32	75.6%	23.5%	0.9%
2.4 mm	3.98	77.4%	21.8%	0.8%
2.5 mm	3.21	81.3%	18.1%	0.6%

通过表3-20可知，喷嘴直径在2.0~2.5 mm范围的环形喷射器，均能对混合了不同粒度的煤屑产生抽吸作用，但是随着喷嘴直径的增大，单位时间内抽吸煤屑的质量逐渐降低，而且出口端中等和大颗粒的煤屑占比也逐渐降低；6种喷嘴直径的喷射器中，2.0 mm、2.1 mm、2.2 mm的性能表现较为相近，其中2.1 mm喷嘴的喷射器出口端大颗粒煤屑占比较多。实验室实验表明，当喷嘴直径大于2.0 mm时，喷射器的抽吸性能并不是随着喷嘴直径的增大而显著提升，而是在2.1 mm左右时性能相对较好。

综合数值模拟和实验室实验，本书所研究的钻头内嵌环形喷射器，其喉管直径宜与钻杆中心管通径，喷嘴个数宜为6个，喷嘴直径宜为2.1 mm，喷嘴安装角宜为15°，喷射器吸入室长度宜为1.5倍的喉管直径，在该尺寸及结构下，喷射器可内嵌入 ϕ95 mm取样钻头内部，且无须改变取样钻屑的输送方向，有利于降低钻屑的输送阻力。

二、取样喷射钻头的参数研究与设计

1. 取样喷射钻头的结构

取样喷射钻头的结构包括钻头基体、内嵌环形喷射器和钻齿部分，是连接钻杆、切削煤岩和进行取样的重要部件，其在结构上除了能够进行正常的打钻外，内部还要嵌入环形喷射器，并使喷射器的引射入口位于钻头的正前方，方便将切削的钻屑吸入喷射器进而进入钻杆，同时由于是钻齿的承载体，其强度和抗扭转能力决定着钻头寿命，因此，选用高锰钢作为钻头基体的材料，并在表面进行淬火处理。取样钻头的基体与环形喷射器的基本配合形式如图3-57所示。

喷射器嵌入钻头基体，与钻头外壳形成环套形式，两者之间存在的环形空间大小与双壁钻杆相同，矿井压风通过环形空间进入，一部分用于喷射器形成负压，另一部分通过外喷孔喷出进行钻孔孔壁残渣冲洗、钻齿冷却以及孔底正压反循环作用。合理地分配钻头内部风流通道空间对喷射器性能的充分发挥以及正常施工钻孔有着重要的作用。

在钻孔施工过程中，钻头始终埋于钻屑之中，因此外喷孔阻力相当大，可以认为对喷射器耗风量影响不大，同时，在设计当中将钻头外喷孔与喷射器

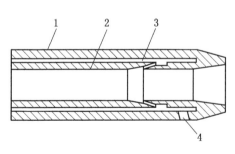

1—钻头外壁；2—环形喷射器；
3—环形空间；4—外喷孔
图3-57　钻头基体的基本结构

喷嘴总面积设计成小于矿井压风管内管截面积，使在同一时刻输入的体积风量大于输出的体积风量，从而钻杆环形空间始终保持高压状态，保证喷射器性能的正常发挥。由于煤矿井下深孔钻头在发挥冷却和洗孔作用的外喷孔方面研究已相对成熟，因此，本书在取样钻头的外喷孔设计上参照已成熟使用的矿用深孔钻头，即在钻头基体外壁上布置 3~4 个外喷孔，直径为 9~10 mm，并合理布局保证其冷却钻头与冲洗钻孔的作用。

2. 基于数值模拟的取样钻头外喷孔参数研究

取样钻头外部喷孔在正常钻进过程中起着冷却钻齿和冲洗孔壁残渣的作用，同时是促进取样过程中孔底形成反循环的重要结构。本书在取样钻头的设计中本着"保证正常钻进、取样从属"的原则，即首先保证取样过程和非取样过程的钻进能够正常进行，其次可以实现取样功能。国内矿用深孔钻头在正常钻进技术方面已相当成熟，因此，取样钻头的外部结构设计可以参照。但鉴于取样钻头外喷孔兼有促进孔底实现正压反循环的功能，因此需要对外喷孔的参数进行单独研究。本书采用流体力学数值模拟的方式对外喷孔的倾角和位置参数进行优化研究，从而得出更有利于形成孔底反循环的结构形式。

1）取样钻头外喷孔模型建立

由于钻头纵向切面是对称的，因此研究取样钻头外喷孔的参数，只需要研究其结构的一半。为研究钻头外部喷孔参数对反循环效果的影响，建立了如图 3-58 所示的二维模型。其中定义 airinlet 为压缩空气入口，入口压力为 0.2 MPa，outlet1 和 outlet2 分别为出口，出口压力为大气压。

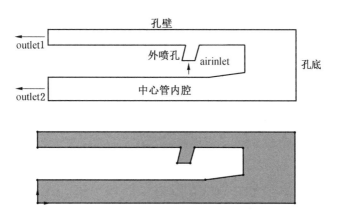

图 3-58　取样钻头简化模型及网格划分

将外喷孔的倾角 α 定义为外喷孔中轴线与垂直孔壁法线的夹角，如图 3 – 59 所示。为分析外喷孔不同倾角的影响，分别建立了倾角 α 为 0°、15°、25°、35°、45° 和 55° 的模型。

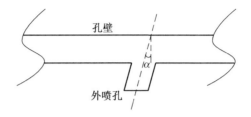

图 3 – 59　外喷孔倾角

为研究外喷孔位置的影响，建立了不同喷嘴位置的物理模型。以外喷孔风流入口的中轴线与钻齿中心截面之间的距离 a 衡量外喷孔的位置，如图 3 – 60 所示，根据研究需要，分别建立了外喷孔距钻齿中心截面为 a、2a、3a 的模型。

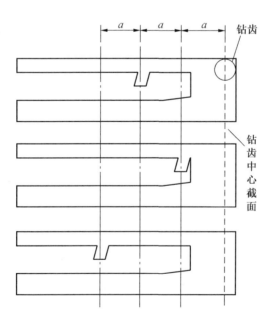

图 3 – 60　不同位置的外喷孔模型

2）外喷孔倾角对孔底流场的影响

（1）速度云图。利用 Fluent 对上述模型进行了数值模拟，得到了模型内部流动空间的压缩空气的速度云图，如图 3 - 61 ~ 图 3 - 66 所示。

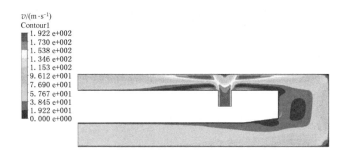

图 3 - 61　0°外喷孔倾角时钻头内部流场

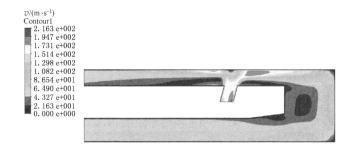

图 3 - 62　15°外喷孔倾角时钻头内部流场

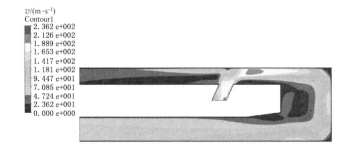

图 3 - 63　25°外喷孔倾角时钻头内部流场

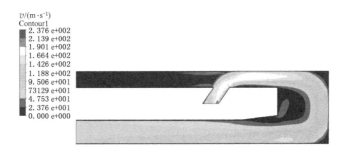

图 3 - 64　35°外喷孔倾角时钻头内部流场

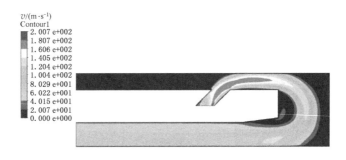

图 3 - 65　45°外喷孔倾角时钻头内部流场图

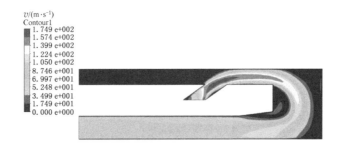

图 3 - 66　55°外喷孔倾角时钻头内部流场

从图 3 - 61 ~ 图 3 - 66 可以直观得出：外喷孔喷射出的压缩空气经过钻孔壁面反弹后分别流向钻孔孔口和孔底，但随着外喷孔倾角的增大，流向孔底的风流逐渐增多；随着外喷孔倾角的增大，孔底压力逐渐增大，但风流速度逐渐降低。

（2）孔底风流速度分析。如图3-67所示，取靠近孔底的钻齿中心截面为分析对象，该截面为钻齿切削煤体时钻屑最为集中的区域。

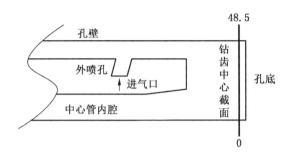

图3-67 钻齿中心截面位置

根据数值模拟结果，得出了不同外喷孔倾角时，钻齿中心截面不同位置处的速度分布情况，如图3-68所示。

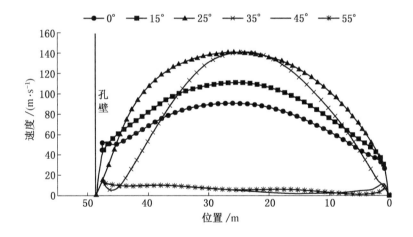

图3-68 钻齿中心截面不同位置处速度分布

从图中可以得出：当外喷孔倾角在0°~15°范围时，钻齿中心截面上速度分布较均匀，风流经过截面上的范围较广，能够携带大部分钻齿切削下的钻屑流动；当外喷孔倾角在25°~35°范围时，虽然钻齿中心截面上速度达到最大，但分布不再均匀，靠近孔壁处风流速度降低；当外喷孔倾角为45°和55°时，钻齿中心截面上速度明显变小, 大部分位置处速度低于 15 m/s, 而低于此速度时, 孔底处钻屑容易堆积。当外喷孔倾角在 0°~35°范围时, 有利于形成能够携带孔底钻屑的反循环, 但 0°~15°时反循环效果最好。

（3）出口处风流流量分析。如图 3-69 所示, 定义流向孔底的空气流量为正, 流向孔口的空气流量为负。根据模拟结果, 分别得出了不同外喷孔倾角情况下, 经过出口 1 和出口 2 的风量随喷孔倾角的变化如图 3-70 所示。

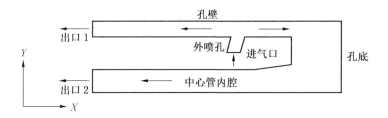

图 3-69 模型内部风流流动方向

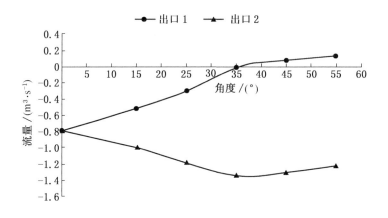

图 3-70 出口 1 和出口 2 流量随喷孔倾角变化图

从图 3-70 得出以下结论:

① 当出口压力相同时, 经过外喷孔喷射出的风流分别经出口 1 和出口 2 流出; 其中当外喷孔倾角为 0°时, 经两个出口流出的流量相同, 随着外喷孔倾角的增大, 流经出口 1 的风量逐渐减少, 而流经出口 2 的风量逐渐增大;

② 当外喷孔倾角为 35°时, 流经出口 1 的风量为 0, 当喷嘴倾角大于 35°时, 出口 1 不但不排出风量, 反而吸入; 当外喷孔倾角大于等于 35°时, 虽然流经出

口 2 的风量增大，但在实际应用中，不利于孔壁内残粉的排出，容易发生埋钻、夹钻现象。

（4）出口处风流速度分析。通过对模拟结果的分析，得到了如图 3 - 71 所示的出口处的平均速度随外喷孔倾角的变化图。

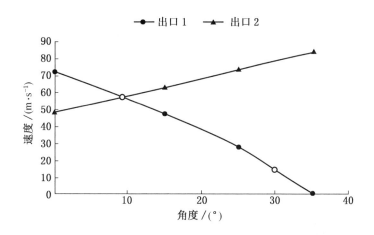

图 3 - 71　出口 1 和出口 2 平均速度随外喷孔倾角变化图

从图中可以得出：

① 当外喷孔倾角大于 30°时，流经出口 1 的平均速度低于 15 m/s，在此速度下的实际应用中，不利于孔壁残粉的排出，容易发生卡钻、埋钻现象；

② 当外喷孔倾角为 10°左右时，流经出口 1 和出口 2 的风流具有相同的流动平均速度，从携带钻屑的角度考虑，该倾角下风流的能量得到了合理的分配和利用。

综合以上模拟结论得出：当外喷孔倾角范围在 0°~15°时，能够形成有利于携带钻屑的反循环，其中 10°左右时，风流的能量得到了合理的分配和利用；但考虑到实际应用过程中，外喷孔倾角越小，气流对钻孔壁产生的气蚀就越大，不利于维护钻孔的成型及稳定性，因此应避免外喷孔倾角接近于 0°；同时，理想情况下，所期望的是通过出口 2 排出的钻屑更多，在实际应用中应使通过出口 2 的风量稍大于出口 1 的风量，因此外喷孔倾角应大于 10°；综合数值模拟结果及现场实际应用情况，外喷孔倾角的范围应为 10°~15°。

3）外喷孔位置对孔底流场的影响

在外喷孔倾角优化的基础上，建立了如图 3 - 60 所示的不同位置外喷孔的物理模型，以此来确定最有利于促进形成孔底反循环的外喷孔的位置。利用 Fluent

对三个模型进行了数值模拟，得到了模型内部流动空间的压缩空气的速度云图，如图 3 - 72 ~ 图 3 - 74 所示。

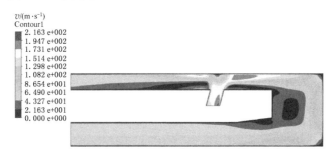

图 3 - 72　喷嘴在现位置时模型内部流场

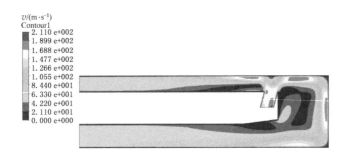

图 3 - 73　喷嘴前移时模型内部流场

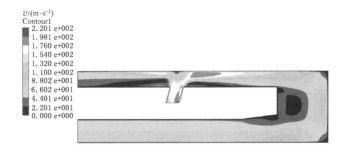

图 3 - 74　喷嘴后移时模型内部流场

分析出口 1 和出口 2 的流量和平均速度，得到的数据见表 3 - 21。从表中可以看出，三种外喷孔位置时，通过出口 2 的流量约占总输入流量的 67% 左右，基本没有变化，说明通过调整外喷孔的位置，对出口处流量的分配无影响。同时，两个出口处的平均速度均大于15 m/s，满足钻屑输送的条件。因此，从出口处的流量和速度数据分析，外喷孔在不同位置处对取样钻头形成反循环的效果影响较小。

表3-21　不同外喷孔位置时出口处的流量和平均速度

位　置	流量/(m³·s⁻¹)		速度/(m·s⁻¹)	
	出口1	出口2	出口1	出口2
a	0.61	0.9	55.4	56.2
$2a$	0.53	1.0	48.1	62.8
$3a$	0.51	1.0	46.1	65.1

　　分析孔底空间速度和有效风量的流线如图3-75所示。从图3-75可以得出，当外喷孔处于三种位置时，孔底流场有很大不同。外喷孔距孔底钻齿距离为2a时，孔底空间涡流区域较小，风流速度方向过度平滑；外喷孔距孔底钻齿距离为a时，孔底空间涡流区域变大，有效风量流线主要集中于孔底煤壁附近，产生流线压缩现象；外喷孔距离孔底钻齿距离为3a时，虽然孔底空间涡流区域较小，但风流速度方向变化没有距离为2a时的情况下过度平滑。

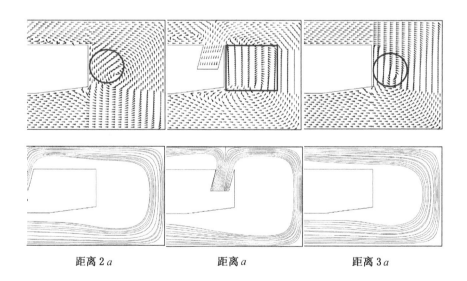

距离2a　　　　　　　距离a　　　　　　　距离3a

图3-75　喷孔在不同位置时的速度矢量图和流线图

　　综上，通过模拟三种外喷孔位置情况下模型的内部流场，可以得出：在相同喷孔倾角条件下，前后移动喷孔位置，对模型出口风量的分配基本无影响，出口速度能够满足钻屑输送速度；但外喷孔距离钻齿中心截面为 a 时，孔底空间涡流区域有增大趋势，不利于孔底钻屑进入中心管空间形成有效反循环，而喷孔后移时则不会出现此种情况。对比模拟结果得出：外喷孔在距离钻齿中心截面距离为 $2a$ 时的位置能够更好地实现孔底钻屑的反循环输送。

三、环形喷射器及钻头外喷孔耦合条件下钻头的取样可行性验证

1. 取样钻头全空气流场数值模拟

为了验证取样钻头取样的可行性，采用 Fluent 流体力学软件对钻头和钻孔的流场进行了数值模拟。根据需要将模型进行了适当简化，如图 3-76 所示，使用 Design modeler 建立三维物理模型和网格划分情况如图 3-77 和图 3-78 所示。

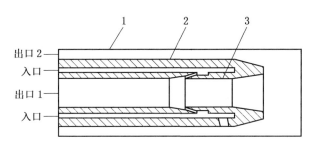

1—钻孔壁；2—钻头；3—环形喷射器
图 3-76　取样钻头简化模型

如图 3-76 所示，设定钻头外壳与喷射器之间的环形空隙为压缩空气入口 inlet，边界类型为质量入口，输入质量流量、总温、静压、流动方向、湍流参数等；设定喷射器混合流体出口为出口 1，边界类型为压力出口，允许有回流，输入静压和回流条件等参数；设定钻头外壳与钻孔壁之间的环形空隙为出口 2，边界类型为压力出口，允许有回流，输入静压和回流条件等参数；其他近壁面处理方法、湍流方程选择和求解控制方法均如前所述。各边界条件具体参数设置见表 3-22。

表 3-22　边界条件主要参数设定

边界类型	名　　称	参数设置
Mass Flux	（入口）钻头环形空隙进风质量流量/(kg·s^{-1})	0.3
Pressure Outlet	（出口1）钻头中心管出口静压/Pa	101325
Pressure Outlet	（出口2）钻孔环隙空隙出口静压/Pa	101325

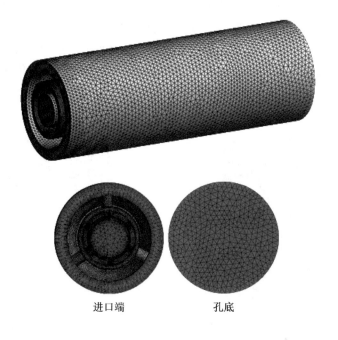

进口端　　　　　　　　　　孔底

图 3 - 77　取样钻头三维模型及网格划分

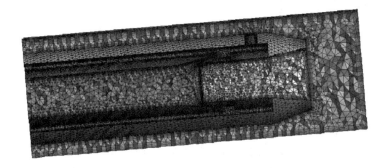

图 3 - 78　模型内部结构

　　模拟结果如图 3 - 79 ~ 图 3 - 81 所示，从压力云图可以看出，喷射器内部存在负压区，与单独模拟喷射器流场时情况相同；从速度云图和流线图可以看出，压缩空气经过 inlet 入口进入，在钻头外壳与喷射器之间的环形空隙尽头分为两部分流出，一部分通过喷嘴喷射入喷射器内部，形成抽吸负压，在进口流量为 0.3 kg/s 时，形成的最大负压为 - 6200 kPa；另一部分通过钻头外喷孔喷射入钻孔内,在与钻孔壁碰撞后分别向孔口和孔底反射,与单独模拟外喷孔流场时相同,流向孔口(出口2)的部分在实际钻孔施工中可以起到携带孔壁钻屑排出孔口的作用,流向孔底的部分在孔底形成涡流,并形成正压区,如图3-80和图3-81所示,孔底最大正压为103489 Pa,高于一个大气压,在孔底涡流和正压的共同作用下,孔底气体进入喷射器内,进而通过钻杆中心管(出口1)排出。

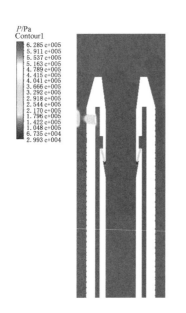 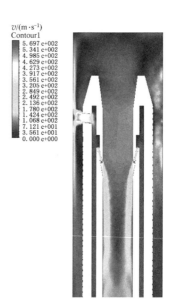

图3-79　压力云图和速度云图

2. 取样钻头空气和固相颗粒耦合流场数值模拟

将图3-76模型中钻头的底部设置为钻屑颗粒入口边界(particle - inlet),根据ϕ95 mm钻头在煤层中钻进产渣量约为9.21 kg/min,设置钻屑颗粒入口边界为0.15 kg/s,颗粒材质为煤,粒径分布范围为3 mm的占80%,4 mm的占15%,5 mm的占5%。采用Fluent中的稠密离散相模型DDPM进行模拟,模拟结果如图3-82和图3-83所示。

从图3-82可以看出,孔底的钻屑运行轨迹较为杂乱无章,但在钻头外喷孔气流和环形喷射器负压作用下,一部分钻屑进入钻杆中心管,另一部分进入钻头与钻孔之间的孔壁空间,进而形成较为有序的流向出口的流动。从图3-83可以看出,孔底产生的钻屑大部分集中于钻头顶部和钻孔底部的空腔位置,约90%的钻屑颗粒在风流的作用下进入到钻杆中心管,其余钻屑则进入孔壁空间。

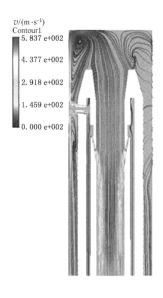

图 3 - 80　钻头空载时内部流线图　　　　图 3 - 81　喷射器内部压力云图

图 3 - 82　钻屑颗粒轨迹线　　　　　图 3 - 83　钻屑颗粒分布图

通过环形喷射器和钻头外喷孔耦合条件下的数值模拟表明：全空气流场模拟时，进入钻头的压缩空气可在钻孔底为两部分，进入喷射器的气体起到形成负压的作用，由外喷孔喷入钻孔的气体起到孔底正压反循环和冲洗孔壁残粉的作用；空气与固相颗粒耦合流场模拟时，固有颗粒在分流空气的作用下，也是分为两条输送通道，且主要通道是钻杆中心管。

四、取样钻头钻齿结构对取样效果的影响研究

1. 钻齿的选择及镶嵌形式

钻齿是直接接触煤岩体起到切削作用的主要部件，耐磨和抗压是主要性能指标要求，考虑到深孔取样要求的钻孔长度比较长（一般大于 100 m），在顺煤层施工钻孔时，由于煤层产状的变化，施工的钻孔难免会进入岩层中，对于较硬的岩层，对钻齿的抗磨性要求更高，考虑到一般合金钻齿在连续施工长钻孔时耐磨性较差，因此，用于取样钻头的钻齿选择复合片金刚石钻齿，如图 3–84 所示。

图 3–84　复合片金刚石钻齿

钻齿的镶嵌形式影响着打钻的速度、钻孔的保直性以及钻屑颗粒的大小，取样所需的钻屑颗粒越大越能减少瓦斯的损失，但过大的钻屑反而会堵塞喷射器或钻杆中心管的流动空间。因此，在保证不降低打钻速度和钻孔保直性的前提下，镶嵌的钻齿应将钻屑切割均匀，并能够被引射气流所携带通过喷射器和钻杆中心管而不会造成堵塞。

常用的矿用深孔钻头钻齿布置方式一般有内凹式和锥式，因此，本书研究中借鉴了以上两种形式的钻齿布局，设计了如图 3–85a 所示的内凹式取样钻头和锥式取样钻头（图 3–85b），其三维图如图 3–86 所示。这两种钻头均可以在钻头前部开设钻屑入口与环形喷射器吸入口相接，并采用了不同的钻齿结构控制切削粒度，防止进入喷射器的钻屑颗粒过大从而堵塞钻头无法实现取样。其中，内凹式钻头前部入口处焊接小号钻齿，覆盖圆形入口约 1/4 面积，从而在钻头转动切削煤岩壁时，进入不规则圆形入口的钻屑粒径始终小于规则圆形的面积；锥式钻头采用以圆形入口为中心的放射密集型钻齿布局方式，钻头转动切削煤岩壁时，剥落的钻屑粒度更为均匀。

2. 不同煤体硬度条件下取样钻头的切削粒度分布研究

将不同钻齿结构的取样钻头在不同煤体硬度的煤层中进行取样试验，以考察取样粒度及取样质量能否满足瓦斯含量测定的需求。

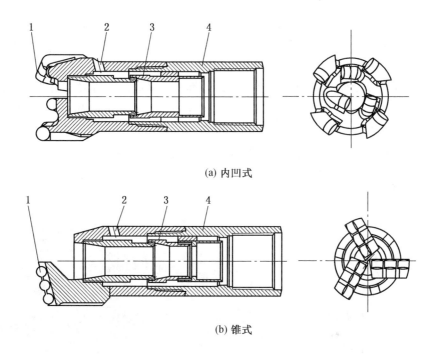

(a) 内凹式

(b) 锥式

1—复合片金刚石；2—外喷孔；3—环形喷射器；4—钻头外壁

图 3-85　取样钻头平面图

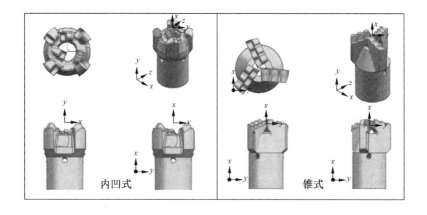

图 3-86　取样钻头三维图

1）考察方法及步骤

（1）在煤矿井下工作面使用取样钻头进行本煤层长钻孔施工，严格控制钻进速度为 1 m/min，在不同钻孔深度分别采用定点和孔口排渣工艺各取全煤样 3 kg。

（2）在实验室使用振动筛（图 3 - 87）将定点采取的全煤样筛分为 ≤1 mm、1 ~ 2 mm、2 ~ 3 mm、3 ~ 4 mm、4 ~ 5 mm、5 ~ 6 mm、6 ~ 7 mm 和 >7 mm 的不同粒度的样品（图 3 - 88），并对样品进行称重。

（3）选取部分称重后的煤样进行煤的坚固性系数 f 值测定。

（4）统计分析煤样粒径分布与煤的坚固性系数 f 值之间的关系。

图 3 - 87　振动筛　　　　　　　　图 3 - 88　不同粒度筛分煤样

2）实验数据及分析

通过调查国内煤矿煤体硬度的分布特点，选取了贵州水城矿业（集团）有限责任公司那罗寨煤矿 7 号煤层、大河边煤矿 7 号煤层，兖矿集团贵州能化公司小屯煤矿 6 中煤层，国投新集二矿 1 号煤层，昔阳县坪上煤业有限责任公司 15 号煤层，山西天地王坡煤业有限公司 3 号煤层作为现场试验地点，均采用 $\phi95$ mm 取样钻头（内凹式和锥式）、$\phi73$ mm 双壁螺旋钻杆进行取样。

（1）不同取样方式下不同深度的 f 值分布。在现场试验地点分别采取反循环定点取样和孔口排渣取样工艺对同一钻孔不同深度进行取样，在实验室测定同一深度所取煤样的 f 值（以那罗寨和大河边煤矿为例）见表 3 - 23 和表 3 - 24。

表3-23　那罗寨煤矿7号煤层不同取样深度 f 值

试验煤矿	取样深度/m	反循环取样		孔口排渣	
		7-1孔	7-2孔	7-1孔	7-2孔
那罗寨	20	0.44	0.42	0.42	0.43
	30	0.34	0.34	0.43	0.44
	40	0.23	0.24	0.41	0.42
	50	0.35	0.33	0.40	0.44
	60	0.23	0.25	0.41	0.43

表3-24　大河边煤矿7号煤层不同取样深度 f 值

试验煤矿	取样深度/m	反循环取样		孔口排渣	
		7-1孔	7-2孔	7-1孔	7-2孔
大河边	20	0.39	0.38	0.40	0.41
	30	0.35	0.33	0.39	0.40
	40	0.42	0.45	0.39	0.39
	50	0.22	0.23	0.40	0.41
	60	0.28	0.27	0.42	0.42

将表3-23和表3-24中的数据绘制成图（图3-89~图3-92）。

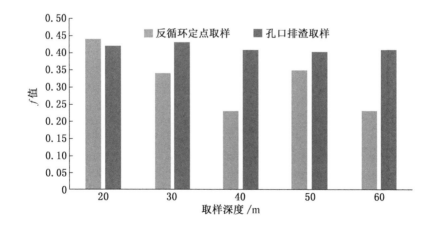

图3-89　那罗寨7-1号孔不同深度 f 值

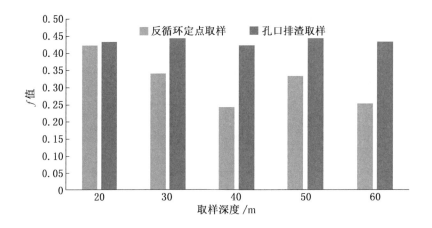

图 3–90　那罗寨 7–2 号孔不同深度 f 值

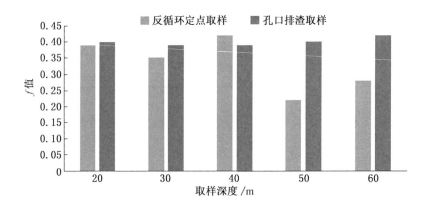

图 3–91　大河边 7–1 号孔不同深度 f 值

　　由表 3–23、表 3–24、图 3–89～图 3–92 可以看出，采用反循环定点取样装置进行取样，同一钻孔由浅到深的钻进过程中 f 值的变化较大，而同一深度情况下孔口排渣取样所测的 f 值则较为接近，分析可能的原因是煤层煤质分布不均匀，不同区域的煤体硬度存在差别，反循环定点取样所取煤样的 f 值为钻头位置煤层区域的实际 f 值，而孔口排渣取样所测的 f 值为孔底钻屑与孔壁残粉混合煤样的平均 f 值。受 f 值测定工艺的影响，实验室测定孔口排渣所取样品时，孔底钻屑相对孔壁残粉占比较低，所测 f 值的煤样更多的是来自靠近孔口的孔壁煤

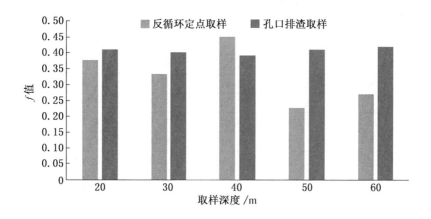

图 3-92　大河边 7-2 号孔不同深度 f 值

屑，因此如图 3-89～图 3-92 所示，仅在 20 m 孔深时，两种取样工艺取样所测的 f 值相近，随着钻孔深度的加深，反循环定点取样所测 f 值呈现煤体区域性，而孔口排渣取样所测 f 值呈现为孔口煤样代表性。

（2）不同取样深度所取煤样粒径分布。在实验室将每个反循环定点取样深度所取的全煤样进行筛分，考察在不同硬度的煤层中采用不同钻齿结构的钻头时，不同深度钻屑的粒径分布规律，见表 3-25～表 3-36。

表 3-25　不同钻头结构时不同取样深度粒径分布（f=0.23～0.44）

那罗寨 7-1 孔	粒径/mm	质　量　分　数				
		20 m/0.44	30 m/0.34	40 m/0.23	50 m/0.35	60 m/0.23
内凹式钻头	>7	7.86%	7.62%	8.64%	8.40%	6.82%
	6～7	4.18%	4.28%	3.97%	4.45%	4.01%
	5～6	3.44%	1.65%	1.31%	0.72%	0.54%
	4～5	5.64%	3.55%	3.15%	1.91%	1.56%
	3～4	8.78%	6.85%	6.51%	4.40%	4.09%
	2～3	13.04%	11.77%	11.11%	9.49%	9.48%
	1～2	22.16%	22.49%	23.30%	21.04%	23.13%
	<1	40.49%	41.79%	42.02%	49.58%	50.37%

表 3 - 26　不同钻头结构时不同取样深度粒径分布（$f = 0.23 \sim 0.44$）

那罗寨 7 - 2 孔	粒径/mm	质 量 分 数				
		20 m/0.42	30 m/0.34	40 m/0.24	50 m/0.33	60 m/0.25
锥式 钻头	>7	1.34%	1.33%	1.19%	1.18%	1.07%
	6 ~ 7	2.25%	1.88%	1.58%	1.98%	1.50%
	5 ~ 6	3.22%	2.76%	2.42%	2.78%	2.07%
	4 ~ 5	5.50%	4.69%	3.83%	4.79%	3.56%
	3 ~ 4	7.22%	7.91%	6.69%	5.16%	4.51%
	2 ~ 3	12.12%	12.58%	11.68%	9.24%	9.34%
	1 ~ 2	22.71%	24.93%	23.21%	21.47%	21.78%
	<1	45.65%	43.92%	49.39%	53.41%	56.17%

表 3 - 27　不同钻头结构时不同取样深度粒径分布（$f = 0.22 \sim 0.45$）

大河边 7 - 1 孔	粒径/mm	质 量 分 数				
		20 m/0.39	30 m/0.35	40 m/0.42	50 m/0.22	60 m/0.28
内凹式 钻头	>7	15.43%	8.15%	2.58%	3.01%	2.60%
	6 ~ 7	3.69%	2.78%	1.25%	2.08%	1.34%
	5 ~ 6	6.47%	5.91%	3.16%	4.30%	3.28%
	4 ~ 5	10.05%	9.11%	7.85%	10.62%	7.74%
	3 ~ 4	13.22%	12.48%	13.21%	13.66%	14.05%
	2 ~ 3	14.55%	14.24%	16.64%	16.82%	16.74%
	1 ~ 2	16.06%	18.52%	21.10%	22.12%	23.12%
	<1	20.53%	28.80%	34.21%	27.39%	31.14%

表 3 - 28　不同钻头结构时不同取样深度粒径分布（$f = 0.22 \sim 0.45$）

大河边 7 - 2 孔	粒径/mm	质 量 分 数				
		20 m/0.38	30 m/0.33	40 m/0.45	50 m/0.23	60 m/0.27
锥式 钻头	>7	3.64%	2.89%	2.58%	2.09%	1.39%
	6 ~ 7	3.32%	3.02%	2.88%	2.80%	1.67%
	5 ~ 6	6.54%	5.77%	3.27%	4.66%	2.89%
	4 ~ 5	9.80%	9.47%	8.12%	8.76%	6.47%
	3 ~ 4	14.07%	13.25%	14.28%	13.71%	10.28%
	2 ~ 3	16.71%	15.75%	16.51%	16.23%	13.77%
	1 ~ 2	20.16%	19.89%	20.49%	19.74%	20.11%
	<1	25.75%	29.96%	31.87%	32.00%	43.42%

表 3 - 29 不同钻头结构时不同取样深度粒径分布 （f = 0.59 ~ 0.62）

新集二矿 1 - 1 孔	粒径/mm	质 量 分 数		
		20 m/0.60	40 m/0.62	60 m/0.61
内凹式 钻头	>7	14.56%	9.81%	8.68%
	6 ~ 7	3.49%	1.25%	1.21%
	5 ~ 6	6.11%	3.16%	2.98%
	4 ~ 5	9.48%	7.85%	7.04%
	3 ~ 4	12.48%	13.21%	11.33%
	2 ~ 3	14.52%	16.64%	15.23%
	1 ~ 2	18.32%	21.10%	22.48%
	<1	21.04%	24.40%	28.32%

表 3 - 30 不同钻头结构时不同取样深度粒径分布 （f = 0.59 ~ 0.62）

新集二矿 1 - 2 孔	粒径/mm	质 量 分 数		
		20 m/0.62	40 m/0.59	60 m/0.60
锥式 钻头	>7	3.52%	2.57%	1.58%
	6 ~ 7	5.53%	3.82%	3.64%
	5 ~ 6	7.48%	5.15%	5.03%
	4 ~ 5	9.46%	8.06%	7.37%
	3 ~ 4	13.58%	13.23%	11.70%
	2 ~ 3	16.12%	16.40%	15.68%
	1 ~ 2	19.46%	21.03%	22.90%
	<1	24.85%	29.75%	32.11%

表 3 - 31 不同钻头结构时不同取样深度粒径分布 （f = 0.77 ~ 0.88）

小屯 6中 - 1 孔	粒径/mm	质 量 分 数	
		20 m/0.85	30 m/0.88
内凹式 钻头	>7	8.30%	8.12%
	6 ~ 7	4.62%	5.38%
	5 ~ 6	7.76%	6.97%
	4 ~ 5	10.13%	11.29%
	3 ~ 4	12.70%	12.27%
	2 ~ 3	15.21%	13.30%
	1 ~ 2	18.91%	18.18%
	<1	22.38%	24.51%

表 3 - 32　不同钻头结构时不同取样深度粒径分布（$f = 0.77 \sim 0.88$）

小屯 6中-2孔	粒径/mm	质 量 分 数	
		20 m/0.77	30 m/0.81
锥式 钻头	>7	2.12%	2.51%
	6～7	3.52%	4.27%
	5～6	6.96%	7.27%
	4～5	9.36%	9.85%
	3～4	11.77%	12.01%
	2～3	14.59%	14.88%
	1～2	20.09%	20.46%
	<1	25.08%	27.75%

表 3 - 33　不同钻头结构时不同取样深度粒径分布（$f = 0.87 \sim 0.91$）

王坡煤矿 3-1孔	粒径/mm	质 量 分 数		
		20 m/0.90	40 m/0.88	60 m/0.91
内凹式 钻头	>7	15.35%	19.62%	15.91%
	6～7	5.87%	7.13%	5.55%
	5～6	6.63%	8.07%	5.87%
	4～5	9.02%	9.81%	7.77%
	3～4	11.87%	13.21%	11.33%
	2～3	13.82%	16.64%	15.23%
	1～2	17.42%	21.10%	22.48%
	<1	20.01%	24.40%	28.32%

表 3 - 34　不同钻头结构时不同取样深度粒径分布（$f = 0.87 \sim 0.91$）

王坡煤矿 3-2孔	粒径/mm	质 量 分 数		
		20 m/0.91	40 m/0.90	60 m/0.87
锥式 钻头	>7	3.28%	2.52%	1.58%
	6～7	5.52%	4.68%	3.64%
	5～6	7.05%	5.99%	5.03%
	4～5	9.27%	7.91%	7.37%
	3～4	12.57%	12.98%	11.70%
	2～3	15.41%	16.09%	15.68%
	1～2	19.13%	20.63%	22.90%
	<1	27.75%	29.19%	32.11%

表 3-35　不同钻头结构时不同取样深度粒径分布（$f=0.90\sim0.95$）

坪上煤矿 15-1 孔	粒径/mm	质 量 分 数		
		20 m/0.94	40 m/0.92	60 m/0.95
内凹式 钻头	>7	12.35%	18.64%	14.46%
	6~7	6.62%	7.13%	5.55%
	5~6	7.38%	8.07%	5.87%
	4~5	8.27%	9.81%	7.26%
	3~4	11.87%	12.23%	11.33%
	2~3	13.82%	15.66%	15.23%
	1~2	17.42%	19.14%	20.31%
	<1	22.26%	25.38%	26.15%

表 3-36　不同钻头结构时不同取样深度粒径分布（$f=0.90\sim0.95$）

坪上煤矿 15-2 孔	粒径/mm	质 量 分 数		
		20 m/0.93	40 m/0.90	60 m/0.92
锥式 钻头	>7	3.22%	2.48%	1.66%
	6~7	5.42%	4.79%	3.64%
	5~6	7.81%	6.08%	5.02%
	4~5	10.11%	9.08%	7.97%
	3~4	12.33%	11.95%	11.69%
	2~3	15.12%	15.84%	15.92%
	1~2	18.77%	20.31%	22.88%
	<1	27.23%	29.47%	31.22%

　　将表 3-25~表 3-36 中的数据分别绘制成图（图 3-93a~图 3-93f），以观察不同范围 f 值对应的煤层中，分别采用内凹式和锥式取样钻头钻取煤样颗粒的粒径分布规律，以及不同取样深度条件下煤样颗粒的粒径分布规律。

　　由图 3-93 可以得出以下规律：

　　（1）所有取样样品中，小颗粒煤屑（≤1 mm）所占质量百分比最大。

　　（2）取样粒径的分布规律与取样深度无关，即在同一钻孔、同一取样钻

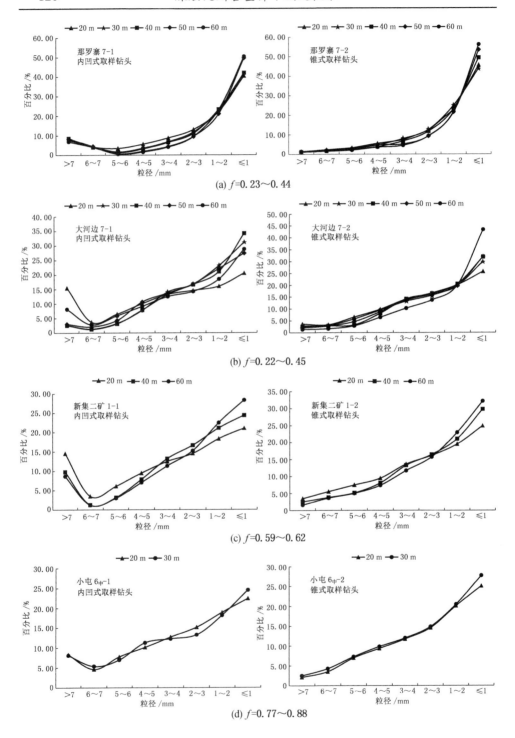

(a) f=0.23~0.44

(b) f=0.22~0.45

(c) f=0.59~0.62

(d) f=0.77~0.88

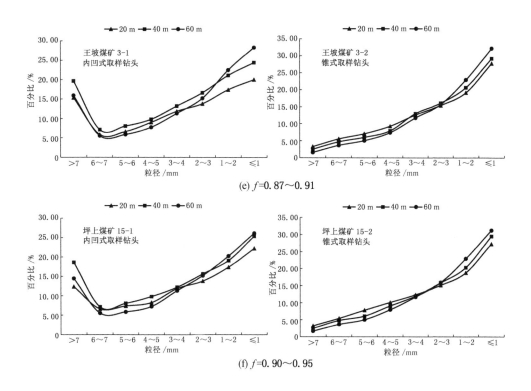

图 3-93　煤样粒径分布曲线

头、同一煤层 f 值范围时，不同取样深度的煤样粒径分布曲线近似相同，如图 3-93a 中，无论是采用内凹式钻头还是锥式钻头，其各自取样钻孔中 20 m、30 m、40 m、50 m、60 m 处的煤样粒径分布规律并未因取样深度的不同而发生较大变化。

（3）对于使用相同类型取样钻头钻取不同 f 值的煤层时，煤样粒径的分布曲线大致相同，如图 3-93a~图 3-93f 中，使用内凹式取样钻头时，不同粒径的煤样质量分数随粒径的减小表现出先减小后增大的规律，而使用锥式取样钻头时，不同粒径的煤样质量粉碎随粒径的减小表现为单一增大的规律，即使试验煤层的 f 值不同，但上述规律并未受 f 值的影响。

（4）对于采用不同钻齿结构的钻头来说，内凹式取样钻头钻取大颗粒煤屑（>7 mm）显著多于锥式钻头，而且煤层 f 值越大，大颗粒钻屑所占质量分数越大。

通常，用于煤层瓦斯含量井下直接测定的煤样粒度越大越好，原因是煤样粒度越大，在相同的取样时间内，瓦斯损失量要小于颗粒较小的煤样。假设在反循环定点取样所取的样品中筛选 3 mm 以上的煤样用于瓦斯含量直接测定，则对于采用内凹式取样钻头来说，该粒径范围内的煤样质量分数约为 50%，而采用锥式取样钻头时，该粒径范围内的煤样质量分数约为 30%。由此可见，对于同一硬度的煤层，锥式钻头需要多钻进约 1 倍的距离才能取得与使用内凹式取样钻头时相同质量的合格煤样。

第三节　煤矿井下敞口反循环
取样钻具地面实验研究

为进一步认识反循环取样的机理，在地面实验室构建了反循环取样系统，用于进行反循环取样的可行性验证及效果考察。验证反循环取样的可行性以及研究的双壁钻杆、取样钻头、内嵌环形喷射器的结构参数的合理性。

一、反循环取样钻具地面实验设计

1. 实验装置

在实验室加工了图 3 - 94 和图 3 - 95 所示的反循环取样钻具的模型。该模型为钢材质，包括 A、B、C 三个功能区段。其中 A 段为供料区段，主要包括容量为 20 L 的料筒、内嵌环形喷射器的 $\phi95$ mm 取样钻头及钻头附近测压点。B 段为仿真装置的输送管路部分，总长 40 m，主体是以三层不同口径的同心无缝钢管分别模拟钻孔壁、双壁钻杆外管和中心管，每节组合钢管长 2 m，其中钻孔壁内径为 $\phi95$ mm，钻杆外壁外径为 $\phi73$ mm、内径 $\phi48$ mm，中心管外径 $\phi38$ mm、内径 $\phi32$ mm，钻杆之间采用插接外包卡箍的连接方式，插接处及卡箍内均嵌有 "O" 形密封圈，用于保证组合钢管内部各空间相互间不发生漏气或与外界环境相通，组合钢管每 4 m 布置一组压力测点，分别测定孔壁空间、钻杆环形空间和中心管内的静压力。C 段为压缩空气输入端及取样端，输入端通过 25 英寸高压胶管与空气压缩机相连，并设有调压阀（图 3 - 96）和 V 形锥流量计（图 3 - 97），调压阀用于控制输入空气的压力，V 形锥流量计用于测定输入空气的流量；取样端与仿真模型中心管连接，其上连接孔板导流管（图 3 - 98）及配套的流量测定仪（图 3 - 99），用于测定中心管的空气流量，样品采用网袋进行接取。此外，C 段还设有与仿真模具孔壁空间相连通的出口，其上设有阻力阀门，通过调节该阀门来模拟钻孔塌孔或孔壁排渣较多造成的孔壁出风背压较大的情况。

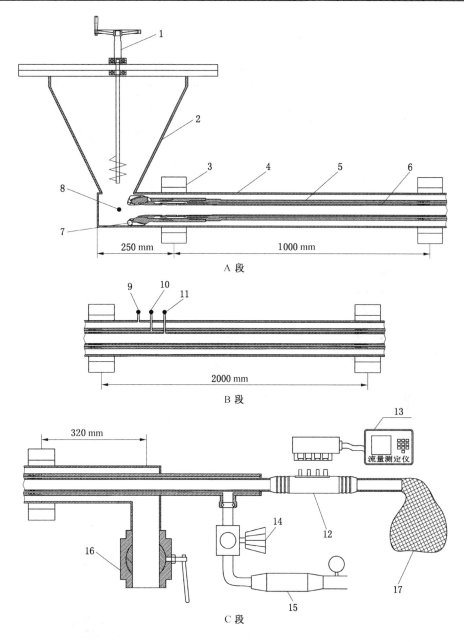

1—搅拌杆；2—料筒；3—卡箍；4—钻孔壁；5—钻杆外管；6—钻杆中心管；7—钻头；8—钻头测压孔；
9—钻孔壁测压孔；10—环形空间测压孔；11—中心管测压孔；12—孔板导流管；13—流量测定仪；
14—调压阀；15—V形锥流量计；16—阻力阀门；17—接料网袋

图 3-94　反循环取样实验装置结构图

图 3-95 反循环取样实验装置实物图

图 3-96 调压阀

图 3-97 V形锥流量计

图 3-98 孔板导流管

图 3-99 流量测定仪

需要说明的是，实验装置测压点的位置编号由与 C 段相连接第一根 B 段组合钢管开始到 A 段结束，依次为 1、2、3……10，每个测压位置又包含 3 个测压点，编号分别为 1 代表环形空间测压点，2 代表中心管测压点，3 代表孔壁空间测压点，如测压点 1-2 表示位置 1 处的中心管测压点，以此类推。此外，通过孔板流量计可测得一个静压值，该静压为中心管出口附近静压力，编号为 0-2；钻头附近测压孔可测得一个静压值，该静压代表钻孔底部的静压力，编号为 11。

2. 仿真取样物料

由于实验室内无法实现整块煤壁的钻进破碎过程，因此仿真实验不考虑钻具的转动及破碎过程，仅以特定粒径的物料为假定的钻孔底部钻屑；同时，实验中又发现煤屑在气力输送过程中由于相互碰撞或与中心管管壁碰撞造成破碎，因此无法实现在气力输送过程中始终保持进料端的粒径，进而无法准确测试特定粒径煤屑条件下的仿真实验装置的取样性能。为此，通过筛选，选定了图 3-100 所示的高粱（$d_{平均} \approx 3$ mm）、大豆（$d_{平均} \approx 6$ mm）和玉米（$d_{平均} \approx 10$ mm）作为不同粒径物料的代表，用于仿真煤屑的输送及取样。

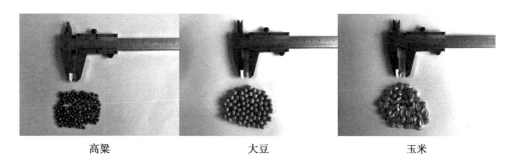

高粱　　　　　　　　　　大豆　　　　　　　　　　玉米

图 3-100 不同粒径的实验物料

3. 实验内容及方案

1）实验内容

本书为研究反循环取样钻具的取样机理所进行的取样实验共分为空载实验和取样实验两部分内容。空载实验是将实验装置 A 段的料筒放空，压缩空气在实验装置 C 段先后经过 V 形锥流量计、调压阀，进入仿真双壁钻杆的环形空间，继而在 A 段钻头处完成分流，一部分压缩空气由钻头内嵌环形喷射器进入仿真钻杆中心管，另一部分由钻头外喷孔进入料筒空间，因料筒是封闭的，因此这部分风流又分别通过钻杆中心管和孔壁空间回流向 C 段尾部。取样实验是将实验装置 A 段的料筒内装满同一粒径的实验物料，压缩空气仍然在 C 段进入仿真钻杆，在 A 段处完成分流，并将料筒内的实验物料携带，再通过 C 段尾部排出，以此仿真煤矿井下钻孔孔底产渣、孔口及中心管排渣过程。

2）实验方案

（1）空载实验。空载实验中通过调节仿真钻具 C 段的阻力阀门来实现模拟井下钻孔壁内的阻力。实验中阻力阀门状态有全开、半开和全闭 3 种，在每一种状态下分别实验 C 段输入风压为 0.1 MPa、0.2 MPa、0.3 MPa 和 0.4 MPa 时实验装置的分风情况。实验过程中需要记录各压力测点的压力数据以及输入端和输出端的风量数据。

（2）取样实验。取样实验中同样通过调节仿真钻具 C 段的阻力阀门来实现模拟井下钻孔壁内的阻力。实验中阻力阀门状态有全开、1/3 开、1/2 开和全闭 3 种。由于取样实验的物料输送过程稳定需要的时间较长，而实验用的空气压缩机在提供较高风压时长时间稳压能力较差，因此，在确定 C 段的输入风压时，以 0.1 MPa 为起点，向上增大风压过程中再随机取 2 ~ 3 个较为稳定的压力值作为实验工况风压。

取样实验中的物料从粒径最小的高粱开始，其余依次为大豆、玉米。实验开始前首先对装入料筒中的物料进行称重，过程中需要记录各压力测定的压力数据、输入端和输出端的风量数据、中心管与孔壁排渣质量数据以及中心管成功取样的初始压力。

二、地面反循环取样实验结果及分析

1. 空载实验结果及分析

根据实验方案，空载实验分别在 C 段阻力阀门为全开、半开和全闭 3 种状态下进行了输入风压为 0.1 MPa、0.2 MPa、0.3 MPa 和 0.4 MPa 时的全空气反循环实验，每个工况进行 3 次实验，实验数据取平均值。过程中使用如图 3 - 101 所示的高精密数字式电子压力表记录了各压力测点的静压力，其中环形空间压力表单位为 MPa，中心管和孔壁空间压力表单位为 kPa。使用 V 形锥流量计和孔板流量计分别测定了环形空间输入的风量和中心管输出的风量，单位为 m^3/min。

将过程中记录的各测点的压力数据及输入端和输出端的风量数据列于表 3 - 37 ~ 表 3 - 41。

图 3 - 101　高精密数字式
电子压力表

表 3 - 37 空载时不同输入压力条件下各测点的静压值（阻力阀门全开）

测压空间	测点编号	0.1 MPa	0.2 MPa	0.3 MPa	0.4 MPa
环形空间/MPa	1 - 1	0.088	0.182	0.270	0.362
	2 - 1	0.082	0.170	0.258	0.338
	3 - 1	0.078	0.158	0.242	0.318
	4 - 1	0.072	0.144	0.228	0.308
	5 - 1	0.066	0.138	0.210	0.282
	6 - 1	0.060	0.122	0.192	0.260
	7 - 1	0.052	0.112	0.180	0.242
	8 - 1	0.045	0.100	0.160	0.210
	9 - 1	0.038	0.082	0.138	0.180
中心管/kPa	10 - 1	0.028	0.060	0.110	0.150
	0 - 2	0.050	0.088	0.069	0.127
	1 - 2	0.100	0.392	0.735	1.010
	2 - 2	0.150	0.820	1.400	2.300
	3 - 2	0.180	1.280	2.200	3.500
	4 - 2	0.220	1.510	2.900	4.300
	5 - 2	0.270	1.950	3.500	5.500
	6 - 2	0.320	2.200	4.000	6.600
	7 - 2	0.380	2.700	4.600	7.200
	8 - 2	0.420	3.000	5.400	8.300
	9 - 2	0.490	3.400	6.000	9.000
	10 - 2	0.540	3.700	7.200	10.400
孔壁/kPa	1 - 3	0.140	0.220	0.300	0.600
	2 - 3	0.210	0.480	1.030	1.500
	3 - 3	0.300	0.670	1.350	2.300
	4 - 3	0.370	0.930	2.100	3.100
	5 - 3	0.450	1.100	2.500	3.800
	6 - 3	0.540	1.300	3.100	4.500
	7 - 3	0.650	1.500	3.900	5.200
	8 - 3	0.730	1.800	4.500	6.000
	9 - 3	0.820	2.000	5.200	6.900
	10 - 3	0.910	2.300	5.800	7.700

表 3-38　空载时不同输入压力条件下各测点的静压值（阻力阀门半开）

测压空间	测点编号	0.1 MPa	0.2 MPa	0.3 MPa	0.4 MPa
环形空间/MPa	1-1	0.090	0.190	0.280	0.360
	2-1	0.082	0.179	0.260	0.340
	3-1	0.079	0.170	0.245	0.322
	4-1	0.070	0.159	0.230	0.302
	5-1	0.065	0.145	0.215	0.280
	6-1	0.060	0.138	0.190	0.260
	7-1	0.055	0.122	0.182	0.242
	8-1	0.044	0.105	0.160	0.219
	9-1	0.039	0.088	0.135	0.180
	10-1	0.027	0.07	0.100	0.150
中心管/kPa	0-2	0.093	0.059	0.098	0.245
	1-2	0.160	0.461	0.785	1.130
	2-2	0.200	0.900	1.600	2.800
	3-2	0.250	1.200	2.500	3.500
	4-2	0.290	1.600	3.300	4.900
	5-2	0.350	2.150	4.00	5.700
	6-2	0.410	2.400	4.800	6.300
	7-2	0.480	2.800	5.300	7.500
	8-2	0.530	3.200	6.100	8.500
	9-2	0.590	3.700	7.100	9.000
	10-2	0.640	4.100	8.100	9.800
孔壁/kPa	1-3	0.390	0.600	1.490	2.100
	2-3	0.471	1.294	2.285	3.200
	3-3	0.590	1.700	2.700	3.500
	4-3	0.650	2.100	3.500	4.500
	5-3	0.700	2.600	3.900	5.000
	6-3	0.820	3.100	4.700	6.200
	7-3	0.900	3.600	5.100	6.600
	8-3	1.020	4.300	5.800	7.400
	9-3	1.100	4.700	6.500	8.400
	10-3	1.200	5.500	7.200	9.300

表 3-39 空载时不同输入压力条件下各测点的静压值（阻力阀门全闭）

测压空间	测点编号	0.1 MPa	0.2 MPa	0.3 MPa	0.4 MPa
环形空间/MPa	1-1	0.092	0.185	0.275	0.368
	2-1	0.090	0.172	0.260	0.341
	3-1	0.085	0.165	0.245	0.330
	4-1	0.080	0.160	0.235	0.315
	5-1	0.075	0.150	0.225	0.290
	6-1	0.070	0.141	0.215	0.275
	7-1	0.068	0.129	0.190	0.260
	8-1	0.052	0.110	0.179	0.235
	9-1	0.050	0.100	0.155	0.215
	10-1	0.038	0.090	0.130	0.175
中心管/kPa	0-2	0.235	0.520	0.775	1.373
	1-2	0.559	1.655	2.412	6.021
	2-2	2.200	6.300	12.100	18.500
	3-2	3.500	9.500	15.500	24.500
	4-2	5.700	12.600	21.800	33.300
	5-2	6.500	15.500	28.000	44.700
	6-2	8.400	19.300	34.900	48.300
	7-2	10.100	21.500	41.300	60.600
	8-2	11.400	24.400	47.700	70.100
	9-2	12.700	30.000	51.300	76.500
	10-2	14.600	32.400	57.600	80.300
孔壁/kPa	1-3	18.200	38.200	60.800	86.400
	2-3	18.200	38.200	60.900	86.500
	3-3	18.200	38.200	60.900	86.400
	4-3	18.200	38.200	60.900	86.400
	5-3	18.300	38.200	60.800	86.500
	6-3	18.300	38.300	61.000	86.500
	7-3	18.300	38.200	61.000	86.400
	8-3	18.300	38.200	61.000	86.500
	9-3	18.400	38.400	61.000	86.500
	10-3	18.500	38.500	62.000	86.700

表3-40　空载时不同输入压力条件下输入端和输出端风量（阻力阀门全开）

输入压力/ MPa	输入总流量/ (m³·min⁻¹)	中心管流量/ (m³·min⁻¹)	孔壁流量/ (m³·min⁻¹)	中心管流量占比/ %	孔壁流量占比/ %
0.1	2.58	0.696	1.884	26.98	73.02
0.2	4.15	1.249	2.901	30.10	69.90
0.3	4.90	1.534	3.366	31.31	68.69
0.4	6.07	2.038	4.032	33.57	66.43

表3-41　空载时不同输入压力条件下输入端和输出端风量（阻力阀门半开）

输入压力/ MPa	输入总流量/ (m³·min⁻¹)	中心管流量/ (m³·min⁻¹)	孔壁流量/ (m³·min⁻¹)	中心管流量占比/ %	孔壁流量占比/ %
0.1	2.49	1.005	1.485	40.36	59.64
0.2	3.82	1.652	2.168	43.25	56.75
0.3	4.69	2.151	2.539	45.86	54.14
0.4	5.57	2.719	2.851	48.82	51.18

将表3-37~表3-41中的数据绘制成图（图3-102~图3-110）。

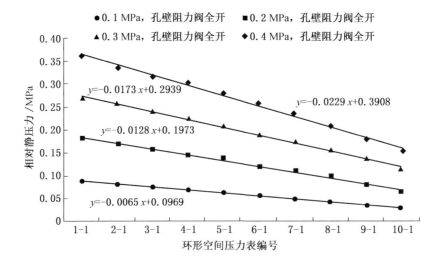

图3-102　孔壁阻力阀全开时不同输入压力条件下环形空间压力变化

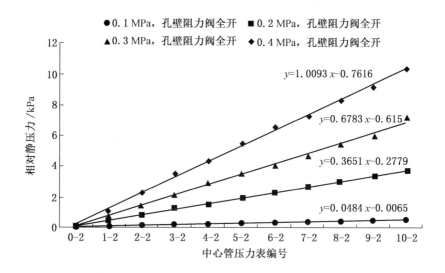

图 3 - 103 孔壁阻力阀全开时不同输入压力条件下中心管压力变化

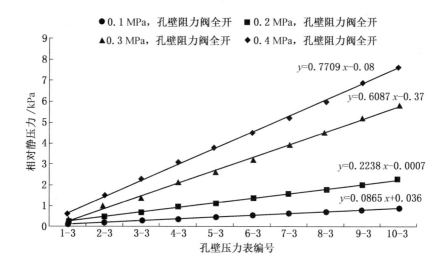

图 3 - 104 孔壁阻力阀全开时不同输入压力条件下孔壁空间压力变化

空载实验主要研究了管道阻力对压风能量的影响以及不同孔壁阻力阀状态下孔壁和中心管两个出口的流量分配情况，由表 3 - 37 ~ 表 3 - 39 以及图 3 - 102 ~ 图 3 - 109 可以得出以下结论：

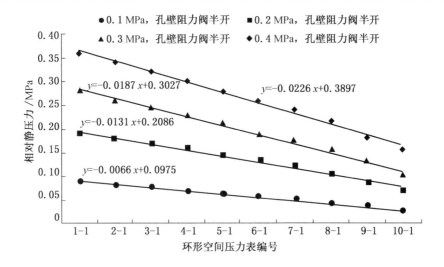

图 3 – 105　孔壁阻力阀半开时不同输入压力条件下环形空间压力变化

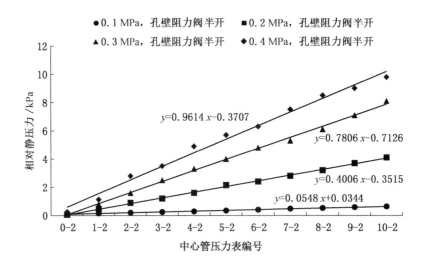

图 3 – 106　孔壁阻力阀半开时不同输入压力条件下中心管压力变化

（1）图 3 – 102、图 3 – 105、图 3 – 108 中环形空间测压点 1 – 1→10 – 1 的方向为风流由实验装置 C 段输入，流经 B 段环形空间，直到 A 段钻头附近，反映出了压缩空气进入实验装置的双壁钻杆环形空间后的压力变化趋势，该趋势与第三章中数值模拟得出的环形管路中的压降规律相同，即：在环形空间内，压缩

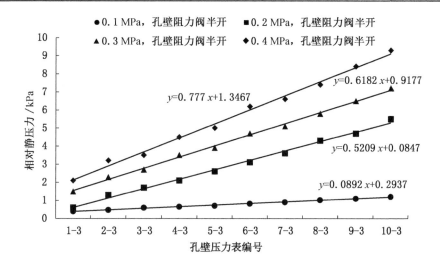

图 3 - 107　孔壁阻力阀半开时不同输入压力条件下孔壁空间压力变化

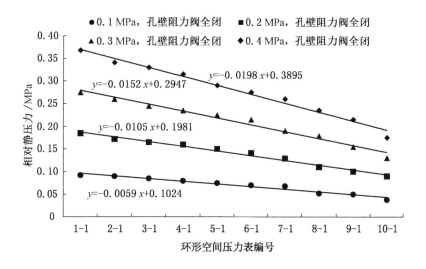

图 3 - 108　孔壁阻力阀全闭时不同输入压力条件下环形空间压力变化

空气的压力随着流经管路距离的增大呈线性衰减趋势；由不同输入压力条件下的压降曲线斜率可知，环形空间输入风流的压力越大，其沿程压力衰减越快，但在末端依然是高输入压力的残存压力更大。

（2）当 C 段孔壁阻力阀由开到闭的过程中，在相同输入压力条件下，环形

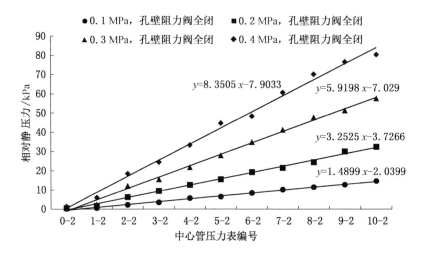

图 3-109　孔壁阻力阀全闭时不同输入压力条件下中心管压力变化

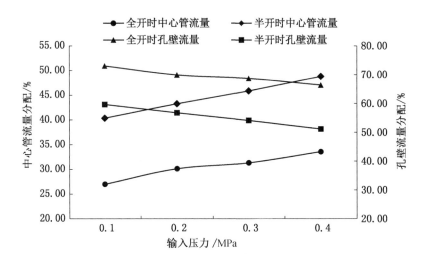

图 3-110　不同阻力阀状态及输入压力时孔壁和中心管流量分配

空间在 A 段的出口背压逐渐升高，意味着沿程压降逐渐降低，A 段钻头前部的压力逐渐升高。该种情况表明，当孔壁阻力趋于 +∞ 时，用于 A 段孔底取样的压力越大；反之，当孔壁中较通畅时，C 段环形空间输入的压缩空气的能量有更大的部分转变为动能而使静压降低，无法保证 A 段钻头内嵌环形喷射器最大功率的工作及钻头外喷孔喷射气流可供孔底形成反循环的压力。

（3）图3-103、图3-106、图3-109中心管测压点10-2→0-2方向为压缩空气在实验装置A段进入，流经B段中心管，在C段流出，该过程中风流的管路压降与环形空间压降趋势相同，均为线性衰减。压缩空气在刚进入A段时的压力取决于环形空间的残存压力，残存压力越大，取样时提供的初始输送能量就越大。随着C段孔壁阻力阀由开到闭，在相同输入压力条件下，中心管在A段的入口处压力逐渐升高。

（4）图3-104、图3-107中孔壁测压点10-3→1-3方向为压缩空气在仿真装置A段进入，流经B段孔壁空间，在C段阻力阀出口流出，该过程风流的压降曲线均符合线性衰减趋势。与中心管相同的是，压缩空气在A段刚进入孔壁空间时的压力取决于环形空间的残存压力，不同的是，在C段阻力阀由开到半开的过程中，孔壁空间风流的压降曲线斜率变化较小，直到阻力阀全部关闭后，孔壁空间风流不再流动，压降为0。

由表3-40、表3-41以及图3-110可以得出以下结论：

（1）C段阻力阀门由全开到半开过程中，孔壁流量始终要多于中心管流量，存在这一现象可能的原因是孔壁环形断面的面积要大于中心管圆形断面面积，从而阻力相对较小，则风流流向阻力小的一方。由半开到全闭过程中，孔壁阻力逐渐趋向于$+\infty$，最终由C段双壁钻杆环形空间输入的风量全部由中心管流出。

（2）除阻力阀门全闭情况下，当输入压力由0.1MPa逐渐增大时，中心管流量逐渐增大，而孔壁流量逐渐减小，产生这一现象可能的原因是A段钻头附近的残存压力取决于输入压力，当输入压力越大，钻头内嵌环形喷射器的功率越高，同时钻头外喷孔用于形成反循环的压力越大，从而更加促进孔底的风流更多地流向中心管，导致了孔壁流量和中心管流量的此消彼长。

2. 取样实验结果及分析

根据实验方案，取样实验是将A段料筒中加入代表不同钻屑粒径的高粱、大豆和玉米，然后重复空载实验程序，实验中增加了C段阻力阀门1/3开的状态。过程中记录了各测点的压力、输入输出风量数据、成功取样的初始压力、取样时间（中心管排出颗粒时计时，无颗粒排出时结束）、中心管和孔壁出口取样质量，每个实验工况重复3次，数据取平均值。

1）成功取样初始压力

将阻力阀门分别调至全闭、1/3开、1/2开和全开，输入压力由0开始逐渐调大，当中心管开始有颗粒吹出时，则即时压力为成功取样初始压力，将高粱、大豆和玉米在阻力阀不同状态下的成功取样压力记录于表3-42。

表3-42　不同阻力阀状态时不同粒径物料的成功取样初始压力

代表粒径	阻力阀状态	成功取样初始压力/MPa
高粱	全闭	0.04
	1/3 打开	0.09
	1/2 打开	0.14
	全开	0.19
大豆	全闭	0.07
	1/3 打开	0.15
	1/2 打开	0.24
	全开	—
玉米	全闭	0.09
	1/3 打开	0.22
	1/2 打开	0.31
	全开	—

注：表中"—"表示在实验用的空气压缩机工作能力范围内，未能测出可成功取样的初始压力。

由表3-42可以得出以下结论：

（1）在同一孔壁阻力阀门状态下，以高粱、大豆、玉米3种物料为代表的颗粒粒径，随着粒径的增大，成功取样的初始压力逐渐增大，同时，单粒物料质量 $m_{高粱} < m_{大豆} < m_{玉米}$，因此，可认为对于同一种样品，样品的粒径越大且质量越大，反循环取样及样品气力输送过程中所需消耗的能量就越大。

（2）当阻力阀门状态由全闭逐渐调至全开时，由 C 段环形空间输入的压缩空气，由单一的中心管流出逐渐分流至孔壁空间，从而造成 A 段残存压力的降低，此时需进一步提高输入压力，才能够实现成功取样。因此，对于同一物料，孔壁阻力阀由闭到开的过程中，可成功取样所需的输入压力是逐渐升高的。

2）管路压力变化规律

取样实验中，对高粱、大豆、玉米做了孔壁阻力阀全闭时输入压力为 0.1 MPa、0.15 MPa、0.2 MPa 的 $3 \times (3 \times 1 \times 3) = 27$ 组实验，在孔壁阻力阀 1/3 开时又对 3 种物料做了输入压力为 0.1 MPa、0.15 MPa、0.2 MPa 以及压风系统可稳定最大压力条件下的 $3 \times (3 \times 1 \times 4) = 36$ 组实验，在孔壁阻力阀 1/2 开及全开时又各做了 36 组实验，总共 135 组实验中，均记录了仿真实验装置 3 个测压空间测点的压力数据，无论是环形管路压降还是中心管及孔壁空间压降，总体变化趋势与空载实验时相同，即均符合线性衰减趋势，以下仅以 3 种物料在孔壁阻力阀门全闭时的管路压力变化规律为例进行介绍。

表3-43 阻力阀门全闭时3种物料取样实验中各测点压力数据

测压空间	编号	高粱			大豆			玉米		
		0.1 MPa	0.2 MPa	0.3 MPa	0.1 MPa	0.2 MPa	0.3 MPa	0.1 MPa	0.2 MPa	0.3 MPa
环形空间/MPa	1-1	0.094	0.144	0.185	0.092	0.135	0.175	0.094	0.127	0.172
	2-1	0.091	0.141	0.180	0.090	0.130	0.165	0.092	0.121	0.163
	3-1	0.091	0.129	0.172	0.09	0.12	0.156	0.090	0.118	0.156
	4-1	0.09	0.124	0.165	0.085	0.118	0.148	0.082	0.112	0.147
	5-1	0.088	0.122	0.159	0.085	0.113	0.145	0.082	0.110	0.142
	6-1	0.085	0.118	0.150	0.080	0.108	0.14	0.079	0.102	0.135
	7-1	0.081	0.112	0.145	0.076	0.102	0.128	0.075	0.093	0.127
	8-1	0.075	0.100	0.130	0.070	0.095	0.12	0.066	0.087	0.119
	9-1	0.072	0.090	0.122	0.065	0.085	0.110	0.062	0.080	0.108
	10-1	0.066	0.088	0.12	0.058	0.077	0.098	0.06	0.075	0.102
中心管/kPa	0-2	2.91	4.97	7.11	7.23	10.11	17.25	6.92	11.42	17.32
	1-2	6.57	8.81	14.23	11.09	14.52	22.34	11.37	15.33	22.48
	2-2	11.72	15.16	22.20	14.11	18.23	27.67	14.78	18.97	27.55
	3-2	15.24	21.77	30.18	16.81	22.77	31.78	17.53	21.76	32.57
	4-2	21.1	27.42	37.02	19.73	25.8	36.8	20.3	25.5	38.5
	5-2	24.9	32.28	43.21	22.7	30.21	41.57	24.22	29.89	44.37
	6-2	29.90	38.01	51.33	25.62	35.37	46.33	27.86	33.56	49.93
	7-2	36.31	45.21	59.15	28.54	40.08	51.32	31.93	37.77	56.86
	8-2	42.32	52.52	68.17	31.8	44.83	57.13	35.8	43.18	63.9
	9-2	46.40	57.33	72.13	33.78	47.22	61.79	37.97	46.86	68.79
	10-2	47.41	60.13	74.43	35.4	49.17	63.22	39.5	48.1	71.1
孔壁/kPa	1-3	33.0	29.6	46.0	10.9	18.1	17.3	49.4	59.0	86.5
	2-3	58.6	76.4	96.5	44.8	60.0	77.3	49.5	59.2	86.4
	3-3	58.7	76.5	96.5	44.8	60.1	77.2	49.4	59.1	86.3
	4-3	58.7	76.6	96.5	44.9	60.1	77.2	49.2	59.0	86.6
	5-3	58.9	76.5	96.5	44.8	60.1	77.2	49.4	59.1	86.6
	6-3	58.7	76.6	96.4	44.7	60.1	77.1	49.4	59.1	86.4
	7-3	58.7	76.5	96.4	44.8	60.0	77.2	49.3	59.3	86.6
	8-3	53.8	76.9	96.5	44.8	60.2	77.1	49.4	59.1	86.5
	9-3	58.7	76.5	96.4	44.8	60.1	77.2	49.5	59.2	86.6
	10-3	58.9	76.5	96.4	44.7	60.1	77.2	49.4	59.1	86.6

将表 3 - 43 中的数据绘制成图（图 3 - 111 ~ 图 3 - 116）。

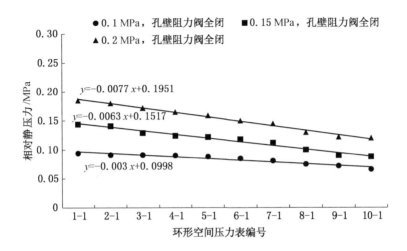

图 3 - 111　孔壁阻力阀全闭时不同输入压力条件下环形空间压力变化（高粱）

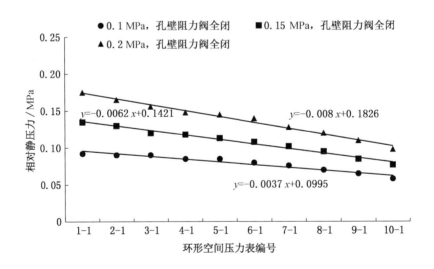

图 3 - 112　孔壁阻力阀全闭时不同输入压力条件下环形空间压力变化（大豆）

从图 3 - 111 ~ 图 3 - 113 可以看出，取样实验中环形空间的压力变化趋势与空载实验中相同，均为线性衰减，但前者斜率绝对值较小，衰减速度较慢，分析原因是 A 段钻头被埋在物料颗粒中，因此使得环形空间的输出口背压较高。

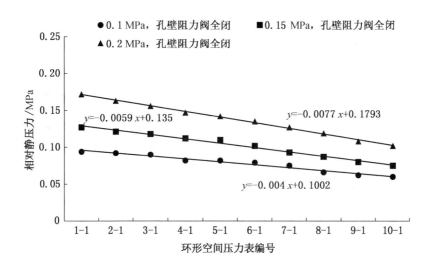

图3-113 孔壁阻力阀全闭时不同输入压力条件下环形空间压力变化（玉米）

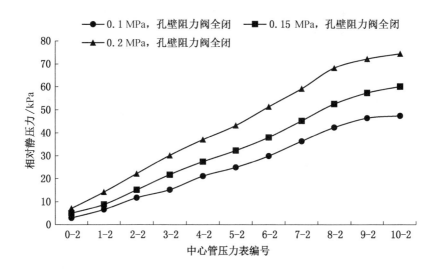

图3-114 孔壁阻力阀全闭时不同输入压力条件下中心管压力变化（高粱）

从图3-114~图3-116可以看出，取样实验中中心管的压力变化趋势与空载实验近似，不同的是空载实验中压降曲线为纯粹线性衰减，而取样实验中在物料颗粒刚刚进入中心管时，压降较缓，如图中测点8-2、9-2、10-2处的压力

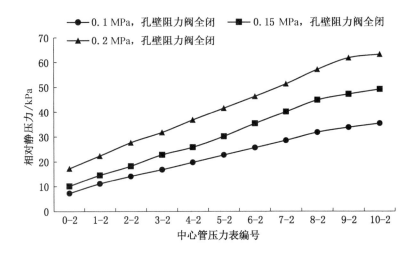

图 3-115 孔壁阻力阀全闭时不同输入压力条件下中心管压力变化（大豆）

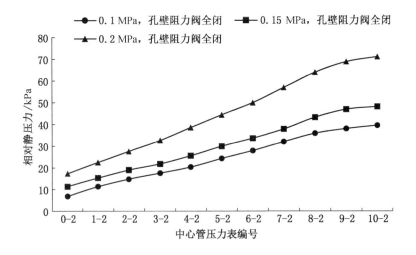

图 3-116 孔壁阻力阀全闭时不同输入压力条件下中心管压力变化（玉米）

变化曲线，造成这一现象的原因是压缩空气与物料在中心管入口端初始混合，物料颗粒的浓度较大，输送气流的速度相对较小，变化较小，从而保持较高的静压，而随着物料在中心管中的输送，在压缩空气中的浓度逐渐变小并达到一稳定值，此时可把物料看作一种稳定的特殊流体，因此表现为与纯空气时相同的线性压降趋势。

再将阻力阀全闭、输入压力同为 0.2 MPa 时，环形管路在空载以及 3 种物料取样实验中压降曲线绘制于图 3 - 117 中。

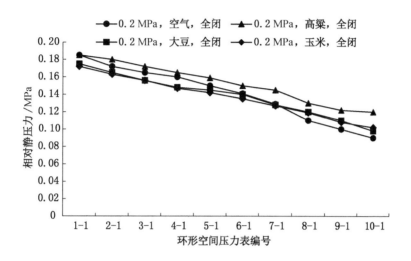

图 3 - 117 孔壁阻力阀全闭时环形空间在不同实验中压力变化对比 (0.2 MPa)

从图 3 - 117 可以看出，虽然在 C 段输入相同初始压力 (0.2 MPa)，但环形空间中的空气经过长距离输送后，A 段输出端的残存静压力是不同的，$P_{高粱} > P_{玉米} > P_{大豆} > P_{空气}$，分析原因可能是高粱粒径最小，堆积密度较高，从而使得环形空间在 A 段输出端背压更高；通过查阅资料可知，大豆和玉米的堆积密度相近（均在 0.75 g/L 左右），因此在图中两者实验中，压降曲线近乎重合；而空载实验中，由于钻头附近没有任何堆积物，因此环形空间在 A 段输出端背压相对较低。

将阻力阀全闭、输入压力同为 0.2 MPa 时，中心管在空载以及 3 种物料取样实验中压降曲线绘制于图 3 - 118 中。

从图 3 - 118 可以看出，在 A 段进入中心管的压力 $P_{高粱} > P_{玉米} > P_{大豆} > P_{空气}$，而在中心管 C 段出口处 $P_{大豆} \approx P_{玉米} > P_{高粱} > P_{空气}$，产生这一现象可能的原因是，在中心管 A 段入口处，由于高粱堆积密度高、玉米的粒度大且单粒质量大，因此，使这两者由静止开始运动所需的压力较高，而大豆粒度及单粒质量相对较小，因此初始运动所需的压力略低，当这三者随着输送距离的增大，与空气的混合逐渐由密相变为稀相，反而单颗粒径较小的高粱更容易输送，因此更多的空气静压转变为动能，如图中所示高粱的压降曲线在测点 4 - 2 → 0 - 2 方向时明显低于大豆和玉米的压降曲线。

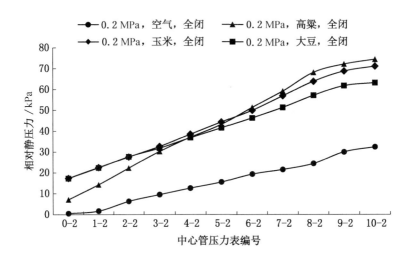

图 3 - 118　孔壁阻力阀全闭时环形空间在不同实验中压力变化对比 （0.2 MPa）

3） 取样质量分配及取样时间

在取样实验中记录了稳定工况下的中心管和孔壁取样的质量及取样时间（中心管排出颗粒时计时，无颗粒排出时结束），见表 3 - 44。

表 3 -44　阻力阀门全闭时中心管取样质量及取样时间 （0.20 MPa）

代表粒径	装料质量/kg	输入压力/MPa	阻力阀状态	中心管取样质量/kg	中心管取样占比/%	取样时间/s
高粱	18	0.2	全闭	17.1	95.00	29
大豆	18	0.2	全闭	15.9	88.33	32
玉米	18	0.2	全闭	15.5	86.11	37

表 3 -45　阻力阀三分之一开时中心管及孔壁取样质量 （0.25 MPa）

代表粒径	装料质量/kg	输入压力/MPa	阻力阀状态	中心管取样质量/kg	孔壁取样质量/kg	中心管取样占比/%	孔壁取样占比/%
高粱	18.2	0.25	1/3 开	12.7	3.3	69.78	18.13
大豆	17.9	0.25	1/3 开	8.6	2.5	48.04	13.97
玉米	18.8	0.25	1/3 开	6.2	2.1	32.98	11.17

表3-46　阻力阀二分之一开时中心管及孔壁取样质量（0.35 MPa）

代表粒径	装料质量/kg	输入压力/MPa	阻力阀状态	中心管取样质量/kg	孔壁取样质量/kg	中心管取样占比/%	孔壁取样占比/%
高粱	19.5	0.35	1/2 开	7.9	2.1	40.51	10.77
大豆	17.9	0.35	1/2 开	4.8	1.2	26.82	6.70
玉米	18.8	0.35	1/2 开	3.5	0.9	18.62	4.79

由表3-44可以看出，在阻力阀门全闭的情况下，输入风压为0.2 MPa时，取样粒径越小，取样速度越快，完成取样的时间越短；同时还可以看出，取样粒径越小，A段装料桶内及管路内残存的物料越少，取样越彻底。

由表3-45和表3-46可以看出，在阻力阀门1/3开和1/2开两个状态时，中心管取样占比更高，但随着阻力阀门开放出口面积增大，相同实验物料条件下，中心管和孔壁取样占比均减小，意味着在孔壁空间内残留有大量的物料没有被吹出，存在这一现象可能的原因是，在物料与空气初始混合后，开始在中心管和孔壁空间输送，但随着阻力阀门开口面积增大，孔壁空间输送阻力进一步降低，此时物料优先选择通过孔壁空间输送，但孔壁空间环形面积较大，风流速度较低，当无法达到物料的最小沉降速度时，物料平铺在孔壁环形空间的底部，当有足够的物料平铺时，孔壁空间和中心管中的阻力重新分配，此时中心管中阻力相对较低，物料又优先选择中心管输送，此过程是一个动态往复平衡过程，因此在阻力阀门打开的情况下取样试验中存在中心管物料颗粒间断吹出的现象。从表3-31和表3-32还可以看出，在阻力阀开至同一状态时，物料粒径越大，中心管和孔壁取样占比越低，这也表明了大颗粒物料取样相对困难，而阻力阀全闭时，像玉米代表粒径的颗粒则可以在较低的输入风压（0.2 MPa）下，由中心管取出80%以上的孔底物料。

第四章　煤屑瓦斯解吸扩散
基本理论及影响因素

　　煤是一种天然的多孔介质，瓦斯是其漫长成煤过程中的伴生产物。煤体吸附瓦斯是一种自然属性，吸附瓦斯量的多少与煤内表面积的大小密切相关，据测定，1 g 无烟煤的表面积可达 200 m² 之多。煤中复杂的孔隙结构，既是瓦斯气体的存储吸附单元，也是气体扩散的主要通道，理论上，一个颗粒煤孔隙结构可规定用包围其孔隙空间表面的解析方程式来确定；若用统计学的观点来描述该问题，可以把实际的煤颗粒设想成多孔介质的一种系统或集，可以认为是由固体物所占据的空间集合和它的辅助集组成，辅助集即为孔隙空间。对于特定煤颗粒的瓦斯扩散而言，因煤中孔隙结构固定，其解吸扩散行为多受瓦斯气体浓度（瓦斯含量）、颗粒特征、温度等因素影响。

第一节　煤体瓦斯赋存状态及运移形式

一、煤体瓦斯赋存状态

　　矿井煤层中的瓦斯气体主要以赋存于孔隙内表面的吸附状态、承压于煤岩孔裂隙内的游离状态以及储集于水中的溶解状态存在，由于溶解状态的瓦斯占比较小，通常忽略，而将煤中瓦斯的赋存状态统称为吸附态和游离态，其中吸附态的占比为 80% ~ 90%，游离态的占比约 10% ~ 20%，在吸附态的瓦斯中又以煤体表面吸着的瓦斯占多数。固体表面吸附作用可以分为物理吸附和化学吸附两种类型，煤中的瓦斯主要是甲烷分子与碳分子间相互吸引的物理吸附为主，如图4-1 所示，吸附态瓦斯又进一步可分为吸收在煤基质内部的吸收瓦斯和附着在煤内表面的吸附瓦斯。对于煤层赋存的瓦斯运移特征，多数学者认为吸附与解吸两个过程是可逆的，并且可以利用实验室条件下的吸附量代替该条件下的煤层瓦斯含量。

　　当外界条件一定时，煤体孔裂隙中瓦斯气体分子的随机运动导致了吸附状态气体分子与游离状态气体分子处于不断交换的动态平衡中；当瓦斯压力、温度发

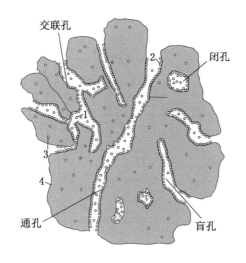

1—游离瓦斯；2—吸附瓦斯；3—吸收瓦斯；4—煤体

图 4-1　煤体中瓦斯的赋存状态

生变化或者含瓦斯煤体受到冲击和振荡时，瓦斯吸附体系中的能量发生变化，原吸附平衡状态被打破，产生新的动态平衡，如煤中瓦斯气体浓度差异性导致气体分子碰撞运动方向上存在差异而产生了浓度差驱动扩散行为，因此在煤层瓦斯缓慢流动过程中，瓦斯赋存状态不存在严格区分；但是在瓦斯含量测定过程中煤样暴露瞬间，游离态瓦斯会瞬间放散掉，吸附态的瓦斯解吸迅速加以补充，特别是存在孔隙半径较大或者贯通裂隙的煤屑该现象更明显，所以需对不同赋存状态的瓦斯运移特点进行研究。

二、煤体瓦斯运移形式

1. 煤中的孔隙结构

在成煤过程中，随煤层埋深增加和时间的推移，在温度和压力等因素的综合作用下，泥炭经历压实、成岩以及变质作用形成不同煤级的煤，煤中的孔隙结构也相应地发生变化。一般来说，煤的孔容随煤级的增高呈指数下降，在煤级相近时，孔裂隙的发育程度主要受内部物质构成控制。煤体的孔隙特征不仅受煤化程度、显微煤岩组成、矿物质含量等因素控制，还受断裂作用影响，因断裂破坏具有增容作用而导致大、中孔体积以及总孔容有较大幅度增加，但对微孔隙影响较小。

煤是一种多孔介质，其孔隙特征决定着煤吸附瓦斯能力、瓦斯运移形式和强度等性质。研究发现煤的孔隙系统由直径几埃米至数百万埃米的不同尺度的孔隙构成，如图4-2所示。根据孔隙对瓦斯气体吸附、解吸和扩散等性质的影响，一般将煤的孔裂隙分为5类，详见表4-1。

表4-1　煤中孔裂隙分类

孔裂隙名称	孔径或宽度/Å	作　　用
微孔	<100	主要构成瓦斯吸附容积的
小孔	100~1000	构成瓦斯毛细凝结作用和扩散的空间
中孔	1000~10000	属于缓慢层流渗透空间
大孔	$10^4 \sim 10^6$	是构成剧烈层流渗透的区域
可见孔隙	$>10^6$	构成层流和紊流的渗漏空间

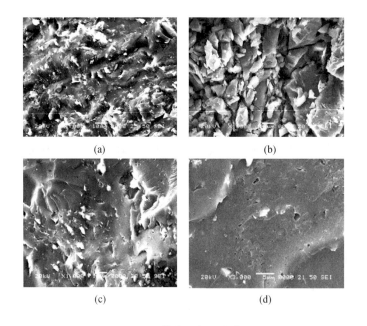

(a)　　　　　　　　　　(b)

(c)　　　　　　　　　　(d)

图4-2　煤表面扫面电镜图

2. 煤中瓦斯运移

忽略煤外表面与自由瓦斯气体的传质过程，普遍认为，煤岩体内部瓦斯的运移放散过程一般经历3个阶段：内部孔隙表面的解吸、孔隙中气体扩散以及孔裂隙中的渗流。在煤层气开采或瓦斯抽采过程中，压差作用使得低于临界解吸压力的气体开始从基质中解吸并扩散至裂隙通道。当储层的瓦斯压力降低到临界解吸压力时，瓦斯气体先从宏观裂隙开始，依次向显微裂隙、大孔隙、微裂隙解吸扩散，如图4-3所示，而煤层中瓦斯气体的长期运移主要由微孔隙中的解吸扩散行为主导。

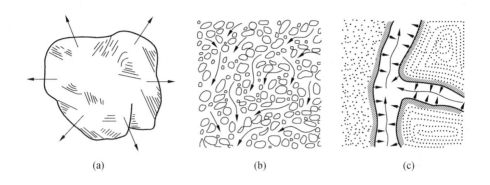

(a) (b) (c)

图4-3　煤体中瓦斯气体运移

在煤屑内部，瓦斯气体吸附在孔裂隙内表面，主要以物理吸附为主，吸附解吸现象是气体与煤屑孔隙结构内表面相互作用的动力学过程。煤屑内瓦斯气体分子的解吸扩散由其孔隙内表面的解吸和孔隙管道中的扩散两个过程组成，该过程可以细分为由气体浓度差驱动而经3个步骤转变为游离态，即内部孔隙表面解吸及扩散－孔隙通道扩散－颗粒边界传质，而其中表面扩散与孔扩散是由于孔隙结构差异而导致气体分子扩散形式的不同，如图4-4所示，而本质上是气体分子不规则热运动与孔隙结构内表面相互作用的结果。

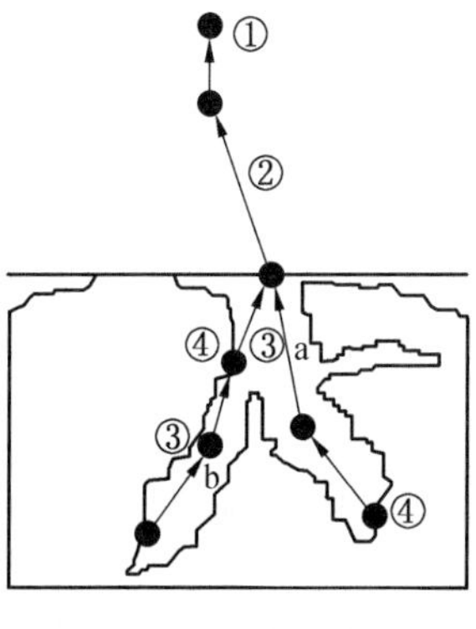

位置	现象	扩散系数
煤屑颗粒间隙	① 扩散对流	快
煤屑外表面	② 传质过程	K_r
煤屑颗粒内	③a 孔扩散	D_p
	③b 表面扩散	D_s
	④ 解吸	瞬时

图4-4　煤颗粒中瓦斯解吸扩散的4个步骤

　　煤屑孔裂隙内表面上的瓦斯气体分子解吸是瞬间完成的，而扩散过程由于受到煤屑孔隙尺寸大小、连通性、迂曲度等多种孔隙结构特征因素的影响，是一种较为缓慢的传质过程。瓦斯气体分子在整个煤屑孔裂隙管道的扩散中，同时也伴随着孔裂隙管道内表面对瓦斯气体分子的吸附、解吸作用，但煤屑中的有效扩散还是以煤屑内部向外部扩散为主，因此在研究煤屑瓦斯解吸与扩散两个传质过程时，应重点研究瓦斯气体在煤屑中的扩散。由于煤层瓦斯赋存地质条件的复杂多变以及煤体孔隙结构性差异，导致煤的扩散系数因地质单元不同而存在较大差异，同时也导致煤中瓦斯气体分子扩散形式呈现出多样性的特点。

三、瓦斯气体的分子扩散形式

　　煤储层微孔道由连通的粒间孔隙组成，呈交叉的三维网状结构，且孔径、孔喉直径变化较大，如图 4-5 所示，煤屑的内部孔隙传输特征决定煤中瓦斯气体分子的运动形式。煤体瓦斯的扩散虽然也有化学势差的驱动，但是其扩散机理及发生的实际过程中与纯气相、液相中的分子扩散有所区别。煤中的瓦斯气体分子的扩散是一种在多维孔隙通道中的浓度梯度驱动的扩散，其本质是气体分子不规则热运动以及分子之间、分子与孔隙内表面之间碰撞的结果。

　　瓦斯气体分子在煤屑内部孔隙中的有效扩散可以根据 Knudsen 数（气体分子运动的平均自由程和孔隙直径相比得到的无量纲数）以及分子运动与孔壁的碰撞概率进行判断，见式（4-1）。根据流体力学的相关知识，按照 Knudsen 数的大小可将瓦斯气体分子在煤屑孔裂隙中的扩散模式分为菲克扩散（以气体分子之间碰撞为主）、Knudsen 扩散（分子与孔壁之间碰撞为主）、过渡扩散（介于分子扩散与 Knudsen 扩散）以及单相扩散或表面扩散（吸附分子层），煤中瓦斯气体扩散同时也受煤阶、煤岩类型、微孔结构、次生矿物等因素的影响。

$$Kn = \frac{l}{d} \tag{4-1}$$

式中　Kn——Knudsen 数；

　　　d——孔隙直径，cm；

　　　l——气体分子运动平均自由程，cm。

　　一般情况下，Knudsen 数是用来描述相对较为稀薄气体的流动是否具有连续性，详见表 4-2。

　　我国煤层结构复杂孔隙分布范围较广，瓦斯气体在煤体中存在多种扩散模式，煤屑内孔裂隙结构尺寸并不均匀单一，而是由多种尺度孔隙交错组成。因

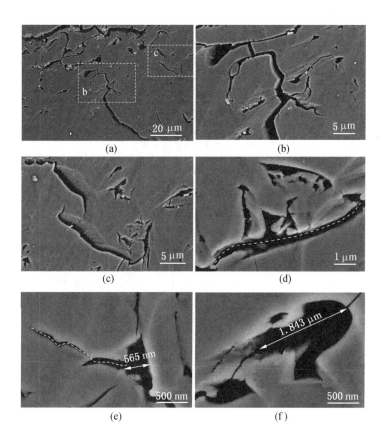

图4-5　煤中孔隙通道

此，煤屑内所吸附的瓦斯气体在解吸扩散过程中是多种运移模式并存（表4-2、图4-6）。

　　煤屑瓦斯解吸扩散速率不仅与煤屑内部扩散特征（如初始平衡浓度、煤屑内扩散阻力等）有关，而且与煤屑表面表征（如煤屑结构、煤屑的几何形态与性质、解吸物理环境等）有关，如包裹在煤屑外表面的瓦斯浓度是随解吸的进行而发生变化，即瓦斯在煤屑外边界发生扩散传质符合第三类边界条件［式（4-12）］。煤中这些孔隙特性的存在，为煤屑瓦斯扩散的分析提供新的挑战，单纯从孔隙结构上区分不同的扩散量太过烦琐，并且本书中所用的煤样是大量煤屑颗粒的集成，因此在对扩散规律理论分析中还是以唯象宏观扩散的菲克理论为准，不针对单个孔隙对应的扩散模型进行分析。

表4-2　Knudsen 数对气体分子运动描述

Knudsen 数	气体分子运动过程	应用方程描述
$Kn \rightarrow 0$	分子的运动无黏滞，瞬间通过达到平衡热动力学状态	欧拉方程
$Kn < 0.001$	分子间的碰撞占主导地位，为连续性流动	无滑移边界的纳斯-斯托克方程
$0.001 < Kn < 0.1$	气体分子间碰撞和气体分子与孔隙壁面的碰撞	滑移边界的纳斯-斯托克方程
$0.1 < Kn < 10$	分子间碰撞和分子与壁面碰撞同等重要	过渡区
$Kn > 10$	与孔隙壁面碰撞占主导地位	玻尔兹曼方程描述

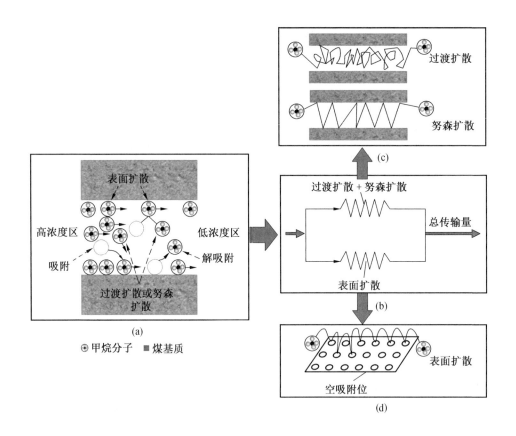

图4-6　煤中瓦斯气体分子扩散模式

第二节　煤屑瓦斯解吸扩散理论分析

一、瓦斯气体分子在受限空间中的运动

瓦斯气体扩散行为是一种缓慢的过程，起因于气体分子随机运动。一般而言，煤层赋存环境温度变化较小，因此温度对瓦斯气体扩散速率的影响程度相较于瓦斯含量、孔隙结构等其他因素的影响较小。煤中的瓦斯解吸、扩散现象是顺序发生的，当扩散较慢时将会限制整个煤屑内瓦斯气体运移速率。Smoluchowski完善了布朗运动理论的推导，开创了演绎法推导非平衡统计力学原理，并在解释瓦斯气体分子运动上得到应用。菲克从宏观层面出发研究了扩散问题，通过非平衡统计力学概率论原理得到扩散唯象理论的菲克定律。本章节将基于微观气体分子的随机扩散及菲克定律对煤屑中瓦斯气体解吸扩散行为进行理论分析。

1. 假设

1905 年 Pearson 提出了随机游走的数据工具，爱因斯坦将随机游走方法应用于研究扩散问题，基于气体随机扩散，给出一维随机运动的 4 个假设。布朗随机游走示意图如图 4-7 所示。

（1）扩散开始时间 $t = 0$，随机运动粒子位置为 $x = 0$ 处。

（2）两次相继碰撞之间的平均时间间隔为 τ^*，撞击后平均移动距离为 1，受撞后的一次位移为 $\Delta x = \pm 1$，两个方向位移概率相同。

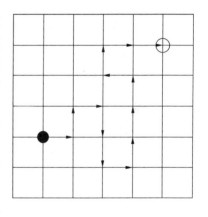

图 4-7　布朗随机游走示意图

（3）碰撞事件是相互独立的。

（4）在 t 时刻，粒子位置 $x(t)$，从开始以来，该粒子已经受到碰撞次数为 $n = t/\tau^*$。

通过以上 4 个假设，从概率论上可以推导出一维扩散问题的解。

2. 模型推导

气体分子随机运动到另一位置的非连续的时间间隔为 Δt，位移为 Δx，在时间为 $t + \Delta t$ 位置 j，通过时间 t 的 $j \pm 1$ 位置得到过程的控制方程：

$$W_j(t + \Delta t) = \frac{1}{2} W_{j-1}(t) + \frac{1}{2} W_{j+1}(t) \tag{4-2}$$

当 $\Delta t \rightarrow 0$、$\Delta x \rightarrow 0$ 时，$W_{\mathrm{j}}(t + \Delta t)$ 泰勒展开式为

$$W_{\mathrm{j}}(t + \Delta t) = W_{\mathrm{j}}(t) + \Delta t \frac{\partial W_{\mathrm{j}}}{\partial t} + o\left[(\Delta t)^2 \right] \qquad (4-3)$$

因此对于气体分子前后各一个随机点的步数有：

$$W_{\mathrm{j}\pm 1}(t) = \frac{1}{2}W(x,t) \pm \Delta x \frac{\partial W}{\partial x} + \frac{(\Delta x)^2}{2} \frac{\partial^2 W}{\partial x^2} + o\left[(\Delta x)^3 \right] \qquad (4-4)$$

得到扩散方程：

$$\frac{\partial W}{\partial t} = D \frac{\partial^2}{\partial x^2}W(x,t) \qquad (4-5)$$

其中，D 为扩散系数。

$$D = \lim_{\Delta x \rightarrow 0, \Delta t \rightarrow 0} \frac{(\Delta x)^2}{2\Delta t} \qquad (4-6)$$

另一方面，爱因斯坦利用随机行走模型研究了布朗运动，并得到了一维布朗粒子随机行走模型，得到粒子的均方位移值：

$$\langle x^2(t) \rangle = Dt \qquad (4-7)$$

均方位移是用来表征粒子在给定系统中平均扩散距离的物理量，当瓦斯气体分子在煤屑孔道扩散中可以看作是径向和轴向两个方向的扩散，即表现为粒子在二维空间运动的均方位移 MSD 有：

$$MSD(t) = \langle r^2 \rangle = \frac{1}{N-1-n} \sum_{j=1}^{N-1-n} \left[x_{(j\delta t + n\delta t)} - x_{(j\delta t)} \right] \qquad (4-8)$$

式中 δt 是时间间隔，一维 $x_{(j\delta t + n\delta t)}$ 是指粒子从位置 $x_{(j\delta t)}$ 经过 $n\delta t$ 的时间后所处的位置，N 是粒子总的随机运动次数，n 和 j 为正整数。

在多孔介质中，气体分子的均方位移与时间 t 的关系往往不同于爱因斯坦的关系式，即满足：

$$MSD(t) = \langle r^2 \rangle = 4Dt^{\alpha} \qquad (4-9)$$

其中，D 为扩散系数，表示瓦斯气体分子的扩散能力。指数 α 值的大小反映这气体分子不同的运动模式，详见表 4-3。

表 4-3　α 值的大小与气体分子不同运动模式对应关系

指数 α 值	$\alpha = 2$	$1 < \alpha < 2$	$\alpha = 1$	$0 < \alpha < 1$
运移模式	理想定向运动	超扩散运动	布朗随机运动	次扩散运动

注：1. 当 $1 < \alpha < 2$ 时，运动特点介于定向运动与布朗运动之间，定义为超扩散运动。

　　2. 当 $0 < \alpha < 1$ 时，运动是一种受限的区域内的扩散过程，定义为次扩散运动。

当定义为次扩散运动时，上式改写为

$$MSD(t) = \langle r^2 \rangle = 4Dt^\alpha = 4Dt^{\alpha-1}t = 4\tilde{D}(t)t^{\alpha-1} \tag{4-10}$$

$$\tilde{D}(t) = \frac{\langle r^2 \rangle}{4t} \tag{4-11}$$

这里的 $\tilde{D} = Dt^{\alpha-1}$ 是时变扩散系数，对于自由扩散，$\alpha = 1$，$\tilde{D}$ 的大小在扩散过程中不随时间变化而变化，即任意时刻皆为常数，$\alpha \neq 1$ 时，扩散系数会随着时间及指数参数的变化而变化，当 $0 < \alpha < 1$ 时，扩散系数随着时间的增大而减小，表现为一种次扩散；当 $1 < \alpha < 2$ 时，扩散系数随着时间的增大而增大，表现为一种超级扩散。

瓦斯气体浓度在煤屑暴露后从中心位置到煤屑外表面随着径向逐渐降低，浓度梯度驱动扩散机理可以理解为在煤屑内部孔隙管道中气体分子的随机运动向中心位置运动的碰撞概率要远大于向煤屑外表面方向的碰撞概率，从而发生径向扩散；瓦斯气体分子在煤屑多孔介质孔道扩散的过程中，通过菲克扩散定律计算得到的有效扩散系数也是随着时间不断地变化。

从公式推导中也可以看出，只要影响到气体分子运动特性的因素都会对扩散系数产生影响。根据气体分子运动学，温度与气体分子运动的快慢息息相关，所以温度对扩散系数有一定的影响。

二、煤屑瓦斯解吸扩散规律理论分析

煤样中的瓦斯解吸扩散过程是气体分子随机不规则热运动与孔隙管道表面碰撞的综合作用的结果，与热传导运动过程极其相似，因此可以利用热传导的数学物理方程对煤屑瓦斯解吸扩散问题进行理论分析。聂百胜等考虑煤屑外表面瓦斯气体分子的传质过程，建立第三类边界条件下的煤屑瓦斯扩散数学物理方程并给出解析解，本书考虑煤屑外表面瓦斯气体分子传质过程，讨论在该条件下的煤屑中瓦斯浓度与扩散规律之间的相互关系。

$$\begin{cases} \dfrac{\partial C}{\partial t} = D\left(\dfrac{\partial^2 C}{\partial r^2} + \dfrac{2}{r}\dfrac{\partial C}{\partial r}\right) \\[2mm] t = 0;\ C = C_i \\[2mm] r = 0;\ \dfrac{\partial C}{\partial r} = 0 \\[2mm] r = R;\ -[\varepsilon D_p + (1-\varepsilon)k_m D_s]\dfrac{\partial C}{\partial r} = k_f C - C_b \end{cases} \tag{4-12}$$

利用分离变量法解得方程式（4-12）的解为

$$\frac{C - C_b}{C_i - C_b} = \sum_{n=1}^{\infty} \frac{2[\sin(\lambda_n R) - \lambda_n R\cos(\lambda_n R)]}{\lambda_n R - \sin(\lambda_n R)\cos(\lambda_n R)} \frac{\sin(\lambda_n R)}{\lambda_n r}\exp(-\lambda_n^2 Dt)$$

$$\tag{4-13}$$

从式（4-13）中可以看出，煤屑中瓦斯气体浓度 C 是扩散半径 r 和时间 t 的函数。随着解吸时间的延长，瓦斯气体浓度 C 呈现指数衰减，其衰减的快慢取决于扩散系数和颗粒半径的大小；C 值的大小与煤屑瓦斯的初始浓度以及包裹在煤屑外表面瓦斯的气体浓度有着密切关系。

对单个煤屑颗粒而言，其内部瓦斯浓度分布并不均匀，为了方便，将以体积平均浓度为基础进行计算讨论，令其体积平均浓度为 $\langle c \rangle$ 为

$$\langle C \rangle (t) = \frac{1}{V} \int C(r,t) \mathrm{d}V \tag{4-14}$$

将式（4-14）转变为以平均体积浓度与外边界浓度之间的表达，则有：

$$\frac{\langle C \rangle - C_b}{C_i - C_b} = \sum_{n=1}^{\infty} \frac{6[\sin(\lambda_n R) - \lambda_n R \cos(\lambda_n R)]^2}{[\lambda_n R - \sin(\lambda_n R)\cos(\lambda_n R)](\lambda_n R)^3} \exp(-\lambda_n^2 Dt)$$

$$\tag{4-15}$$

由于 $(1-Bi)\tan(\lambda_n R) = \lambda_n R$ 为超越方程，其中 Bi 表示煤屑外表面传质作用的毕渥数。

$$\frac{\langle C \rangle - C_b}{C_i - C_b} = \sum_{n=1}^{\infty} \frac{6[Bi\sin(\lambda_n R)]^2}{(1-Bi)^4 \tan^4(\lambda_n R) - (1-Bi)^3 \tan^2(\lambda_n R)\sin^2(\lambda_n R)} \exp(-\lambda_n^2 Dt)$$

$$\tag{4-16}$$

当不考虑解吸时间 t 的影响时，令 exp 项及 n 为 1，当 $Bi \rightarrow 0$ 时，煤屑内扩散阻力很小，解吸扩散速率主要取决于外表面传质阻力，吸附瓦斯的运移过程主要表现为表面解吸，即 $\langle C \rangle = C_b$，对应着现场测试解吸试验过程中的含瓦斯煤样的瞬间暴露阶段。由于 $0 < Bi < \infty$ 时，煤样内外阻力相当，均不可忽略，解吸扩散速率由煤屑内部扩散阻力和外表面传质阻力两者共同作用决定，吸附瓦斯气体的运移过程是解吸扩散的过程，该过程主要受到煤屑粒度大小的影响，粒度越大其解吸扩散速率及衰变率越低。当 $Bi \rightarrow \infty$ 时，煤屑的表面传质阻力与其内部扩散阻力相比可以忽略不计，解吸扩散速率主要取决于煤屑的内部扩散阻力，吸附瓦斯的运移过程主要是煤屑内部孔隙中瓦斯的扩散过程。

但是，煤矿井下现场测量煤样瓦斯解吸物理条件的复杂性给其描述瓦斯解吸扩散规律的数学物理模型带来了一些问题；煤样瓦斯解吸物理条件的差异势必导致模型边界、初始条件的不同，得到的描述该环境条件下解吸扩散规律模型的解析解，还需要通过进一步的理论、试验及经验分析寻求瓦斯含量与解吸扩散规律之间的量化关系。煤屑瓦斯解吸扩散规律的数学物理模型是建立在现实环境条件的基础上，因此需要考虑现场钻取煤样测量瓦斯含量过程中的物理条件因素对煤样解吸瓦斯规律的影响。

三、瓦斯浓度对瓦斯解吸扩散规律的影响

对同一粒度煤样而言，当其他条件相同时，瓦斯浓度高低直接取决于煤中瓦斯含量的大小，低压吸附时，也可认为由平衡压力决定。一般情况下，瓦斯解吸扩散速率随着吸附平衡压力的增加而增大，累计解吸量也随其增大而增大，即煤中瓦斯含量与解吸扩散速率呈正相关，如图 4-8 所示。从随机扩散角度看，吸附平衡压力增大导致煤中瓦斯气体浓度的增加，在解吸扩散过程中，煤屑颗粒孔隙内瓦斯气体分子碰撞概率增加，从而导致解吸扩散速率的提高、累计解吸量的增大。

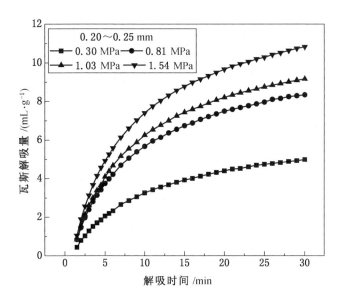

图 4-8 不同吸附平衡压力下煤屑瓦斯解吸量

从式（4-16）中也可以看出，当煤样固定时，瓦斯解吸扩散量及速率由浓度差和扩散系数决定。扩散系数大小一般认为由煤屑的孔隙结构、物理化学性质、瓦斯气体性质、温度等因素决定，而与吸附平衡压力的相关性存在着较大争议。Busch 等通过煤吸附瓦斯动力学试验，发现随着吸附平衡压力增加，有效扩散系数逐渐减小。Charrière 等发现煤中 CO_2 和 CH_4 气体扩散系数随着气体压力的提高而增加，并且不同煤样的扩散系数随着吸附平衡压力增加呈现出不同的变化规律。这些差异可能由煤样吸附膨胀、实验条件或扩散率模型等不同导致的。

第三节　煤屑粒度对瓦斯解吸扩散规律的影响

一、粒径大小影响

对于同一煤样，煤样粒度越小，同一时间内的累计瓦斯解吸扩散量越大，达到极限解吸量的时间越短，如图4-9所示。当煤样粒度越小时，单位质量煤样外表面积越大、扩散路径越短，瓦斯解吸扩散速率越大。当粒度增加到某一定值后，瓦斯解吸扩散速率基本上不再发生变化，即认为存在一个极限粒度使得该粒度以上煤样的解吸扩散速率不再发生变化。

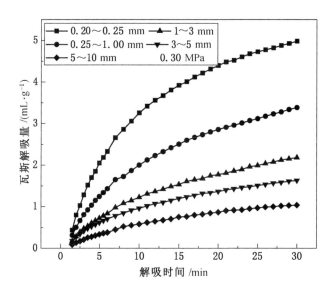

图4-9　不同粒度煤屑瓦斯解吸量

二、颗粒形态影响

在瓦斯含量测定的取样过程中，煤样是由于钻头的切割从煤体中剥离所形成的，无法保证煤屑颗粒的形态一致，导致单位质量煤屑外比表面积不同，从而对煤屑瓦斯初期解吸扩散规律的测定产生一定的影响。因此在煤屑颗粒形态不明的情况下，将煤屑粒度作为影响瓦斯初期解吸扩散规律的单一因素进行定量考察具有一定的局限性。

对于同一组煤样，除了煤屑粒度大小对煤的瓦斯解吸扩散规律产生影响外，煤屑颗粒外观形态上的差异不同程度上会对煤屑瓦斯初期解吸扩散规律产生影响。由于受煤层地质赋存条件、煤的力学性质、钻取设备及工艺等多种因素影响，所取煤样的煤屑颗粒会呈现出不同的形态，如图4－10所示。以往的研究往往将煤屑颗粒瓦斯扩散视为球形扩散，而忽略颗粒形态对解吸扩散过程的影响，易导致对瓦斯解吸扩散规律的理论解释与实际测定存在一定的差异，特别是基于瓦斯解吸扩散规律与菲克第二定律的解求解煤的扩散系数时误差不可忽略。根据研究表明，颗粒的形态会对多孔介质的吸附、反应、解吸动力学过程产生显著的影响，特别是对于其初期解吸扩散过程。随着煤屑粒度增大，煤屑各颗粒几何形态的差异增大，对煤屑瓦斯解吸扩散规律影响加剧。因此，从整个煤屑瓦斯解吸规律研究角度出发，应将煤屑颗粒形态作为考虑因素，研究其对煤屑瓦斯初期解吸扩散规律的影响。

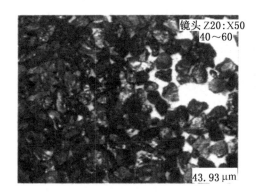

图4－10 煤屑颗粒形态特征

1. 不同形状煤屑瓦斯解吸规律模型

基于菲克第二扩散定律，不考虑瞬间暴露过程对瓦斯解吸扩散数学物理模型的影响，考虑到煤屑颗粒形状的不同导致瓦斯解吸扩散等效坐标体系有所区别，因此本书采用不同坐标瓦斯扩散数学物理模型，有：

$$\frac{\partial C}{\partial t} = D \frac{1}{r^s} \frac{\partial}{\partial r} \left(r^s \frac{\partial C}{\partial r} \right) \qquad (4-17)$$

其中：$s=0$、1、2分别表示片状、圆柱状及球形坐标系条件下的扩散，如图4－11所示。

当已知煤屑中瓦斯气体浓度的扩散分布情况时，单位质量煤屑解吸出的瓦斯气体质量即为

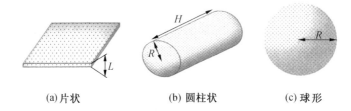

(a) 片状　　　　　　　(b) 圆柱状　　　　　　　(c) 球形

图 4-11　不同形状的煤屑示意图

$$\frac{m(t)}{M_{p}} = e\,\overline{C}(t) + (1-e)\,\overline{C}_{m}(t) \tag{4-18}$$

其中，$m(t)$ 为 t 时刻解吸出的瓦斯气体摩尔量。$\overline{C}(t)$ 和 $\overline{C}_{m}(t)$ 分别是单位质量的自由气体与吸附气体的摩尔量，M_{p} 是煤屑颗粒质量。定义如下：

$$\overline{C}(t) = \frac{\rho}{VM}\int_{V} C(t,r)\,\mathrm{d}V \qquad \overline{C}_{\mu}(t) = \frac{\rho}{VM}\int_{V} C_{\mu}(t,r)\,\mathrm{d}V \tag{4-19}$$

令 F 为单位质量（体积）的放散率，即：

$$F = \frac{M(t) - M(0)}{M(\infty) - M(0)} \approx \frac{\overline{C}(t) - C_{i}}{C_{b} - C_{i}} \tag{4-20}$$

初始暴露时间段，煤屑外周围吸附的瓦斯气体解吸扩散量由煤屑颗粒的外表面积决定，针对单一颗粒煤屑来说，单位质量表面越大解吸速率越快，即颗粒外表面尖锐区域解吸扩散速率要远大于颗粒一般区域；随着解吸时间的延长，煤屑整体瓦斯浓度形状由最初的颗粒形状向煤屑圆形或球形转变，即颗粒形状对解吸扩散规律的影响受到解吸时间长短的限制。因此，煤屑形状对不同时间解吸扩散规律的影响不同，对不同形状煤屑扩散的解析式进行简化得到近似式，见表 4-4。

表 4-4　不同时刻不同形状解吸规律近似式

形状	放散率 F		
	解析式	初始简化近似式	最终简化近似式
球形	$1 - \dfrac{6}{\pi^2}\sum\limits_{n=1}^{\infty}\dfrac{1}{n^2}\exp(-n^2\pi^2\tau)$	$6\left(\dfrac{Dt}{\pi R^2}\right)^{1/2} - \dfrac{3Dt}{R^2}$	$1 - \dfrac{6}{\pi^2}\exp\left(-\pi^2\dfrac{Dt}{R^2}\right)$
片状	$1 - \dfrac{8}{\pi^2}\sum\limits_{n=0}^{\infty}\dfrac{\exp\left[-(2n+1)^2\dfrac{\pi^2 Dt}{L^2}\right]}{(2n+1)^2}$	$4\left(\dfrac{Dt}{\pi L^2}\right)^{1/2}$	$1 - \dfrac{8}{\pi^2}\exp\left(-\dfrac{\pi^2 Dt}{L^2}\right)$
圆柱状	$1 - \dfrac{32}{\pi^2}\sum\limits_{n=1}^{\infty}\dfrac{1}{\xi_n^2}\exp(-\xi_n^2\tau)$ $\sum\limits_{p=1}^{\infty}\dfrac{\exp[-D(2p+1)^2\pi^2 t/H^2]}{(2p+1)^2}$	$4\left(\dfrac{Dt}{\pi H^2}\right)^{1/2} + 4\left(\dfrac{Dt}{\pi R^2}\right)^{1/2} -$ $\dfrac{Dt}{R^2} - 16\dfrac{Dt}{\pi RH} + 4\left(\dfrac{Dt}{\pi H^2}\right)^{1/2} \times \dfrac{Dt}{R^2}$	$1 - \dfrac{32}{2.405^2\pi^2}$ $\exp\left[-\left(\dfrac{2.405^2}{R^2} + \dfrac{\pi^2}{H^2}\right)Dt\right]$

　　理论分析中，煤屑颗粒的形态决定着煤屑瓦斯解吸扩散数学物理模型所用坐标系，形态不同选择的坐标系也不同。总体扩散方向有差异，在一定形式上影响了煤屑瓦斯解吸扩散规律。令扩散系数 $D = 10^{-6}$ m/s，当片状颗粒尺寸 $L = 0.5R$，圆柱状颗粒尺寸为 $H = 2R$ 时，研究不同颗粒形态煤屑的放散率 F 随时间无量纲常数 τ 的变化规律，如图 4 – 12 所示。

　　从图 4 – 12 中可以看出，当煤屑的形态为片状时，单位体积内的瓦斯解吸速率要远高于圆柱状和球形。片状颗粒只考虑径向方向的扩散表面积，最终解吸近似式所表达的最初时的瞬间瓦斯释放量要比圆柱状和球形的小，这与实际测定的量存在一定的偏差，而这种偏差是由于模型公式的近似导致的，另外也说明长时间解吸近似式不适合描述煤屑瓦斯初期解吸扩散规律；当圆柱状颗粒 $H = 2R$ 时，其形态近似于球形，因此瓦斯解吸扩散规律也与球形近似。从图 4 – 12b 中可以看出，圆柱的初始解吸速率要高于球形，这是由于在相同体积条件下，圆柱状煤屑的外比表面积要大于球形，圆柱状颗粒初始扩散截面要大于球形颗粒，但随着解吸时间的延长，扩散等效路径的长短控制着煤屑瓦斯解吸扩散，所以后期圆柱状煤屑的解吸速率小于球形。

　　近似式在简化过程中忽略了煤屑外周围压力骤降所导致的煤屑瓦斯突然释放的影响，还受到指数衰变项前方系数的影响（表 4 – 4），导致图 4 – 12b 中的放散率开始时刻并不为零。当不考虑衰变系数的影响时，片状煤屑的放散率要远大于球形的和圆柱状煤屑的放散率。

　　2. 煤屑形态对瓦斯解吸规律影响模拟分析

　　为了说明煤屑颗粒形态对瓦斯解吸规律的影响，假设煤屑可分为球形、圆柱状、片状及四面体多种颗粒形态，且煤屑颗粒各向均匀等效（各个方向扩散系数相同，初始浓度均匀），令颗粒的外表面接触浓度为零，数值模拟分析颗粒形态、初始浓度、扩散系数、时间等多种因素对煤屑瓦斯解吸规律的影响，具体因素数值见表 4 – 5。为了表示 1～3 mm 粒度范围煤屑瓦斯有效扩散，取统计平均粒度，各个形态颗粒的大小为 1.75 mm（如球形直径直接取为 1.75 mm，四面体的外接球直径为 1.75 mm）。

表 4 – 5　煤屑瓦斯解吸扩散数值模拟各因素取值

初始浓度 $C/(\text{m}^3 \cdot \text{kg}^{-1})$	0.005	0.008	0.012	0.016	0.020
扩散系数 $D/(\text{m}^2 \cdot \text{s}^{-1})$	10^{-9}	10^{-8}	10^{-7}	10^{-6}	10^{-5}
解吸时间 t/s	10　20	30　40	50　60	70　80	90　100

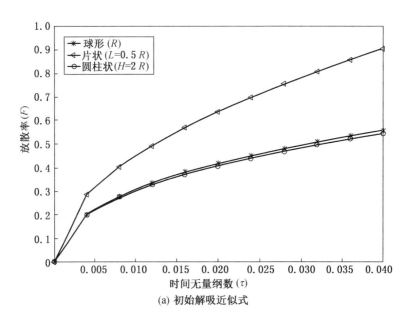

(a) 初始解吸近似式

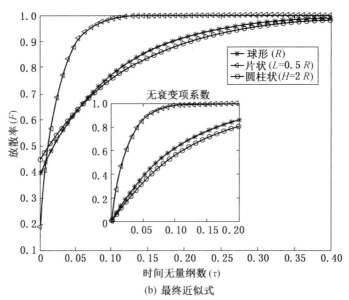

(b) 最终近似式

图 4 – 12 煤屑形状对解吸扩散特性的影响

模拟分析过程中，各个方向的扩散系数相同时，分析不同形态因变量对瓦斯解吸扩散规律的影响，选取初始浓度为 0.012 m³/kg、解吸时间为 60 s、扩散系数为 10^{-9} m²/s，计算得到煤屑残余瓦斯浓度云图（图 4 – 13）。

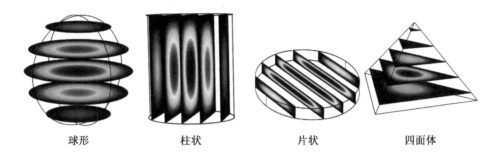

　　球形　　　　　　柱状　　　　　　　　片状　　　　　四面体

图 4 – 13　解吸后不同形态煤屑瓦斯浓度云图
（$C = 0.012$ m³/kg，$D = 10^{-9}$ m²/s，$t = 60$ s）

从图 4 – 14、图 4 – 15 中可以看出，在煤屑暴露初期，煤屑的瓦斯浓度分布形状与颗粒形状表现一致，暴露初期煤屑形态对瓦斯解吸规律影响剧烈，随着解

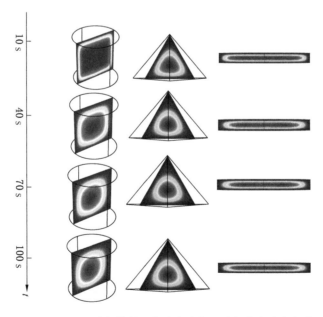

图 4 – 14　不同形态煤屑瓦斯浓度随解吸时间变化分布规律
（$C = 0.012$ m³/kg，$D = 10^{-9}$ m²/s，$t = 60$ s）

吸过程的进行,煤屑形态对瓦斯解吸规律的影响逐渐减弱,煤屑中瓦斯浓度的分布从初始的颗粒形态逐步发展为球形形态,内扩散也逐渐呈现一种球形扩散;片状形态煤屑由于轴向有效扩散面积远大于径向扩散面积,而轴向从中心处的扩散路径长度远小于轴向扩散路径长度,因此,在扩散系数相同的情况下,片状煤屑瓦斯浓度解吸扩散后很难形成球形分布,但其浓度分布趋向球形分布。因此,从另一个方面证实了利用球形坐标条件下求解菲克扩散数学物理模型的可行性。

由模拟结果图可以看出当图例尺度不同时,由于等效云图对不同初始浓度和不同扩散系数表现上是一致的,分析这两个因素作用于不同煤颗粒形态云图的意义不明显,因此这里着重分析扩散系数及形态对煤屑瓦斯解吸扩散特性的影响。

从图 4-15 中可以看出扩散速率随着扩散系数的增大而增大,不同形态的煤屑瓦斯扩散速率相关性大小为:片状 > 四面体 > 柱状 > 球形,这是由于扩散系数相同时,煤屑瓦斯的扩散速率主要与单位质量等效扩散面积正相关、与扩散路径长度负相关所致。由于煤层初始瓦斯含量与解吸扩散规律的近似关系式〔式

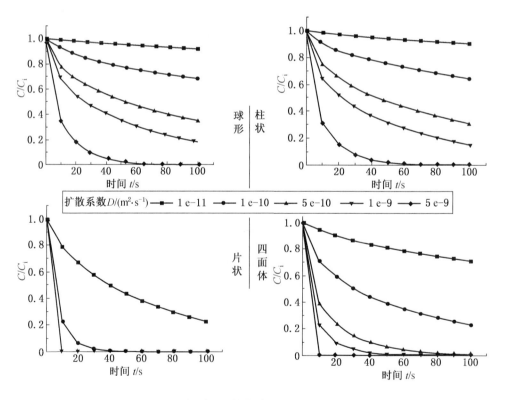

图 4-15　不同粒形不同扩散系数煤屑瓦斯解吸扩散规律

(4-24)] 推导过程中假设煤屑为球形，具体煤层的煤样差异较大且为非规则形状，所以针对具体煤层进行计算时应进行一定的修正。

第四节 温度对瓦斯解吸扩散规律的影响

随着煤矿开采深度的不断增加，地温越来越高，导致煤层温度与巷道内环境温度相差逐渐增大，且不同矿井之间的井下环境和煤层的温度差异也较大，所以温度变化对煤样的瓦斯解吸放散影响成为一个不可忽略的因素。在瓦斯含量间接快速测定中，煤样从煤层中剥落下来时，可近似认为煤样的温度等于煤层温度，而取样过程决定了煤样进入测定系统煤样罐前的温度，进入测定系统后，煤样罐与外界存在热交换，瓦斯解吸后煤样温度下降与煤样罐也存在热交换。因此温度对解吸特征测定的影响可分为两部分：一是煤样解吸的环境温度变化对煤样解吸的影响，其中包含了解吸吸热导致煤屑温度下降对解吸的影响和煤样环境热交换对解吸的影响；二是测定的系统所处的环境受温度的影响，进而对解吸测定的影响，因此井下测定煤屑瓦斯解吸过程中温度的影响受制于煤矿井下环境、煤的热力学性质及瓦斯含量等因素。

一、瓦斯解吸过程中煤屑温度变化研究

煤矿井下测定煤屑瓦斯解吸量时，测定系统与测定环境的温差会影响测定结果。煤矿井下取样测定煤的瓦斯解吸量时，造成温差存在的主要因素有：①钻取时钻具与煤层摩擦导致的煤样温度异常；②煤层温度与巷道环境温度的差异；③瓦斯解吸吸热造成气体温度的变化。现场实践中发现，钻具与煤层摩擦导致煤样温度变化较大，严重影响瓦斯解吸的准确性。经过多年的研究，这个问题已经可以通过优化钻具及取样工艺技术解决。后两者造成温度变化对解吸规律的影响研究较少，本书通过研究温度变化对其解吸规律的影响，修正温度造成的误差，指导改进测定装置，提高测定结果及与模型相关的稳定性和准确性。

为了考察环境温度对煤屑瓦斯解吸规律的影响，分置两个温度的恒温水浴，煤样在同一吸附压力（$7.8 \times 10^5 \, Pa$）40 ℃下吸附、27 ℃下解吸，30 ℃下吸附、40 ℃下解吸，40 ℃下吸附、40 ℃解吸，解吸动力学特征曲线如图4-16所示。

由图4-16可以看出：40 ℃吸附、27 ℃解吸速率明显低于40 ℃下解吸速度，而30 ℃吸附、40 ℃解吸速率明显高于40 ℃吸附、27 ℃解吸的解吸速率及40 ℃吸附、40 ℃解吸速率。导致以上现象的原因是在同一吸附压力下，吸附温度的降低提高了煤样的瓦斯吸附含量，解吸时温度升高增加了瓦斯分子的运动活性，图4-16中3组试验表明煤中瓦斯解吸扩散的快慢不仅受到瓦斯含量大小的

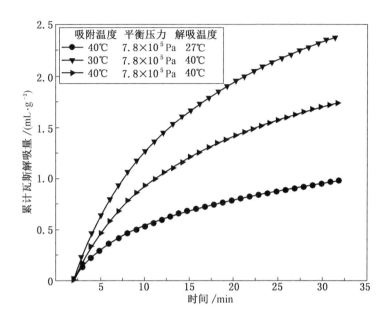

图 4 - 16　不同温度条件瓦斯解吸动力学特征

影响，而且受到解吸环境温度的影响。

　　通过分析相同压力条件下（1 MPa）不同温度煤样达到吸附平衡后的瓦斯解吸扩散动力学曲线，得到了温度对煤屑瓦斯解吸动力学特征的影响，如图 4 - 17 所示。实验结果表明：不同温度条件下的瓦斯解吸动力学差异主要集中在从暴露到 15 min 这段时间内，解吸扩散速率衰变率的动力学特征在解吸 30 min 后基本上不再发生变化，如图 4 - 17b 所示，温度对瓦斯解吸动力学变化特征影响将不再为主导因素，即 30 min 后煤屑瓦斯解吸速率趋向于恒定而不再发生变化，解吸动力学特征表现不明显将会对通过该现象推算瓦斯含量产生较大误差，将温度对煤屑瓦斯解吸扩散规律影响的数据采集时间范围定为小于 30 min。

　　为了考察煤屑解吸瓦斯气体过程中煤样的温度变化情况，分别将盛放有煤样的实验样品池置于 40 ℃ 的恒温水浴以及 24 ℃ 室温环境下（等效为恒温）进行等温吸附解吸实验，考察了不同压力条件下的煤屑瓦斯解吸过程温度变化情况，如图 4 - 18 所示。

　　实验结果表明：40 ℃ 时吸附平衡压力为 13.2×10^5 Pa 的温度变化大于平衡压力为 7.8×10^5 Pa 的温度变化，24 ℃ 的环境有同样规律，即同一温度环境条件下，吸附平衡压力越大单位时间内累计煤屑瓦斯解吸量越大（解吸速率越快），

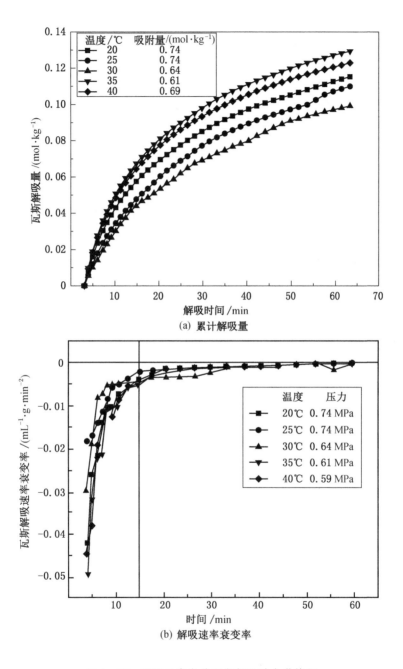

(a) 累计解吸量

(b) 解吸速率衰变率

图 4-17 不同温度条件瓦斯解吸动力学特征

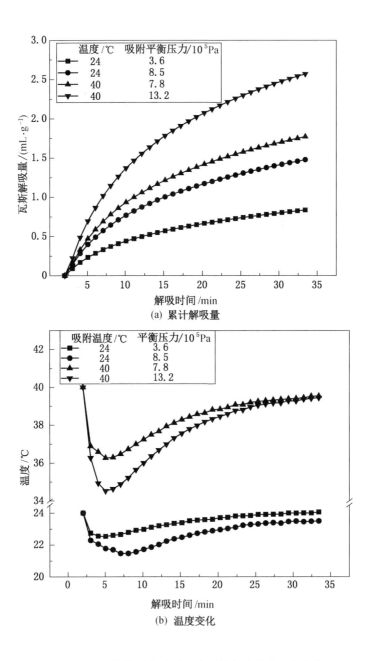

(a) 累计解吸量

(b) 温度变化

图 4-18　瓦斯等温解吸过程中累计解吸量及温度变化

其温度变化越剧烈；24 ℃时吸附平衡压力为 8.5×10^5 Pa 的温度变化大于 40 ℃时吸附平衡压力为 7.8×10^5 Pa 的温度变化，即温度越高解吸越快，其解吸过程中温度变化越剧烈。另一方面，气体分子的吸附解吸过程伴随着多孔介质系统的能量改变而导致了温度变化，因此从严格意义上讲，纯粹的等温吸附解吸动力学过程是不存在的。从图 4 - 18b 中得出的温度变化主要时间区段为从暴露开始到解吸 15 min 这一时间段，与图 4 - 17 中煤屑瓦斯解吸速率衰变率表现时间段相一致。

为了进一步考察煤样的吸附温度与解吸温度不同时瓦斯解吸行为及温度变化情况，当煤样达到吸附平衡时，我们将含煤样的样品池快速放置到温度稳定的恒温水浴中，对煤的解吸动力学特性及温度变化情况进行实时采集测量，如图 4 - 19 所示。

实验结果表明：热量从样品池外围环境传导到煤样需要一定时间，瓦斯解吸过程中外界温度的急剧变化，不会立即对解吸扩散过程产生影响，在这一时间阶段内，对煤样温度变化起主要决定作用的还是煤解吸瓦斯过程中自身的吸热反应，而一定时间后起决定作用的将会是外界温度，而这一段时间内的温度大小与煤屑堆的传热系数和传热效率密切相关。

二、温度变化对瓦斯解吸测定影响研究

温度的变化既改变了煤与瓦斯之间的相互作用特性，又影响了瓦斯气体分子在煤屑孔裂隙管道中的自由运动状态；随着温度的升高，煤屑内孔裂隙表面对瓦斯气体分子的相对束缚力有所降低，加快瓦斯气体分子解吸扩散速率。但是温度升高导致煤基质的膨胀减小了瓦斯气体运移通道半径，同时也增加了扩散过程中瓦斯气体分子的平均运动自由程，使得其与煤内孔裂隙壁的碰撞概率增大，从而增加瓦斯气体分子运移过程中的吸附概率，阻碍了瓦斯气体分子的解吸扩散进程；另一方面，从定容法测量瓦斯解吸的原理上讲，温度的变化改变了已解吸出瓦斯的自由气体状态，间接影响了气体压力测量值，从而影响到了测定煤屑瓦斯解吸扩散规律。综上分析，温度对煤屑瓦斯解吸扩散规律的影响可主要从以下几个部分进行分析。

1. 温度变化对气体状态的影响分析

在煤矿井下实际测定瓦斯解吸的过程中，同时测定温度变化是很困难的，由于风流等原因将会对煤样温度及解吸规律的准确性造成影响。我们在实验室条件模拟井下工作面相似的温差和风速环境，煤样的吸附平衡压力为 1 MPa 和 0.25 MPa，测定了其解吸过程中相对压力的变化情况。测定结果如图 4 - 20 所示。

由图 4 - 20 可以看出，温度下降导致煤样罐内压力降低，当温度下降导致的

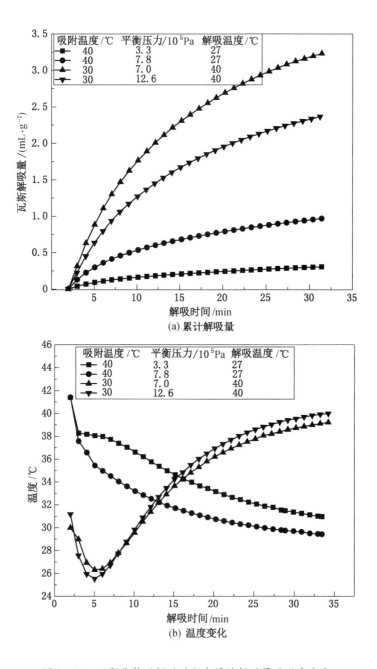

图 4-19　瓦斯非等温解吸过程中累计解吸量及温度变化

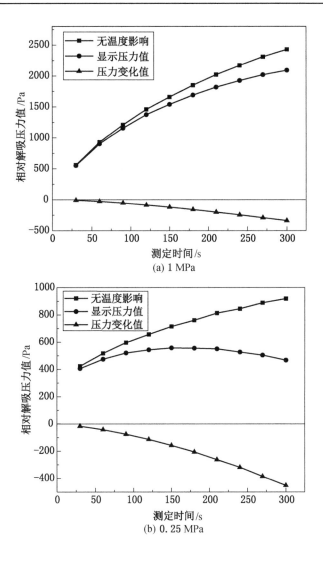

(a) 1 MPa

(b) 0.25 MPa

图 4 - 20　不同压力煤样 K_1 测定压力曲线

压力降低幅度大于煤样解吸所产生的压力上升时，罐内气体压力总体表现为下降，该现象近似"漏气"。而在煤矿井下现场测定瓦斯解吸量时，由于煤样罐保温作用，煤屑瓦斯解吸过程的吸热现象导致了罐内气体温度降低，随着解吸的进行，煤屑瓦斯解吸的压力增加值小于由于温度变化导致的压力降低值，仪器测定压力出现了先升高后降低的现象，如图 4 - 21 所示。该现象与大多数测定瓦斯解吸压力不断上升并趋于平衡的规律不相符，这是由于该地区煤的特殊热力学性质及瓦斯解吸特性所决定，当煤的比热容较小、解吸吸热量较大以及内部孔隙结构连通性较好时，煤屑暴露后瓦斯瞬间从煤内表面解吸会吸收一定热量，这个吸热过程可能是随着解吸进行而不断发生，也可能是在极短的时间内发生。反之，当瓦斯解吸速率较小时，单位时间内煤吸收的热量也较少，瓦斯解吸吸热对压力测定的影响也较小。

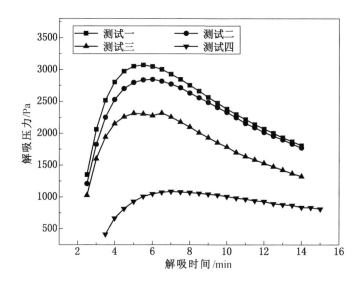

图 4-21　煤屑瓦斯解吸压力异常变化

气体在不同条件下存在着不同的状态，对实际气体状态方程研究已有百年的历史，推导出了许多不同形式的气体状态方程，至今仍在不断地发展和改进。对于含量间接快速测定中瓦斯解吸压力先升高后降低的现象，经过初步分析认为是瓦斯解吸引起的温度变化导致了罐内气体压力降低。假设测试地点井下巷道压力96.5 kPa、巷道温度为 14 ℃，为了方便计算，设定罐内压力为 0.1 MPa，利用理想气体状态方程，计算温度变化对瓦斯压力的影响。

$$PV = nRT \tag{4-21}$$

式中　n——气体物质的量，mol；
　　　P——理想气体压力，Pa；
　　　V——理想气体体积，m^3；
　　　T——理想气体的热力学温度，K；
　　　R——理想气体常数，8.314 J/(mol·K)。

在温度影响下，测定的罐内瓦斯气体压力发生变化，但通过式（4-21）可知，解吸出瓦斯气体物质量值的大小不受温度的影响，为此对式（4-21）进行变换得到温度与解吸瓦斯压力的计算方程：

$$\frac{P'}{P_{act}} = \frac{273.15 + T'}{273.15 + T_r} \rightarrow \frac{P_{act} - P'}{P_{act}} = \frac{\Delta P}{P_{act}} = \frac{\Delta T}{273.15 + T_r} \tag{4-22}$$

式中　　P_{act}——罐中实际的气体压力，Pa；

　　　　P'——测定解吸气体压力，Pa；

　　　　ΔP——压力改变量，Pa；

　　　　T_r——罐中气体温度，℃；

　　　　ΔT——温度改变量，℃。

假设解吸罐体温度 T_r 与巷道温度相同，为 14 ℃，P_{act} 取 100000 Pa，在煤样瓦斯解吸作用下温度每降低 1 ℃，得到其压力值变化随着温度变化规律为

$$\Delta P = 348.25 \Delta T \tag{4-23}$$

从式（4-23）中可以看出，在一个大气环境压力条件下，温度每变化0.1 ℃，相应的压力改变值为 34.8 Pa。该压力改变值虽然很小，但是在小样品量煤屑瓦斯解吸测定时，很容易影响到整个罐中自由空间解吸压力测量值，从而对瓦斯含量推算造成较大误差，因此需要对仪器进行相应处理并进行数据修正。

2. 温度对瓦斯吸附/解吸扩散过程的影响

1）温度对煤屑瓦斯吸附解吸性能的影响

众所周知，煤对瓦斯吸附符合 Langmuir 吸附理论，该理论为一个动力学平衡理论，将吸附剂表面等效为一系列独立的 N^s 个吸附点位（每个位点吸附一个分子），吸附点为 N^a 时的站位比率为 $\theta = N^a/N^s$。

根据气体动力学理论，吸附速率与压力 p 及吸附空穴比$(1-\theta)$相关，而解吸速率是由吸附比率及活化自由能(E)决定。当吸附速率与解吸速率相同时，吸附达到平衡，即整个吸附剂吸附速率为 0，则有：

$$\frac{dN^a}{dt} = \alpha p(1-\theta) - \beta\theta\exp\left(-\frac{E}{RT}\right) = 0 \tag{4-24}$$

其中，α 和 β 分别为气固系统的吸附、解吸速率特征值。

对式（4-24）进行简化得到：

$$\theta = \frac{K\exp\left(\frac{E}{RT}\right)p}{1 + K\exp\left(\frac{E}{RT}\right)p} = \frac{bp}{1 + bp} \tag{4-25}$$

式中，K 为 α 与 β 的比值。

从式（4-25）中可以看出，随着温度的降低，b 值变大，吸附相互作用就变大，特别是在低压时，等温线会急剧上升。

2）温度对扩散系数的影响

煤是一种非均匀多孔介质，其孔隙半径大小不一，一般认为煤层节理裂隙中的瓦斯流动是一种线性层流状态，服从达西定律，并受煤基质中扩散控制。而由于煤屑尺寸被粉碎而减小，认为煤屑在瓦斯中的运移主要是以扩散为主。

瓦斯气体分子在煤屑内部孔隙中的扩散模式可以根据孔隙直径和气体分子运动平均自由程相比得到 Knudsen 数，将瓦斯气体分子在煤屑孔裂隙中扩散模式分为分子扩散（气体分子之间碰撞为主）、克努森扩散（分子与孔壁之间碰撞为主）以及单相扩散或表面扩散（吸附分子层），如图 4 - 22 所示。煤中瓦斯气体扩散一方面受煤阶、煤岩类型、微孔结构、次生矿物等因素影响，另一方面，不同温度下瓦斯气体其扩散形式有可能存在不同。

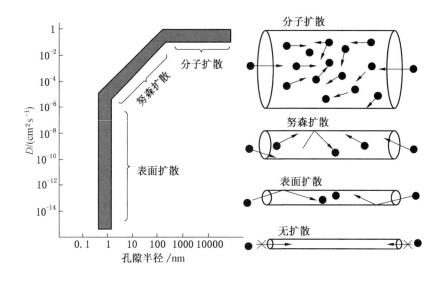

图 4 - 22　煤中瓦斯分子主要扩散形式

从表 4 - 6 中可以看出，不同扩散模式的扩散系数的计算式都与温度相关，但温度的变化对不同扩散模式的影响程度存在着差异，对于煤屑整体系统的有效扩散性并不是单纯的随温度增加而增大，如图 4 - 23 所示，而煤屑中瓦斯气体的扩散模式主要是由孔裂隙尺寸大小和气体分子运动平均自由程决定，由此也证实：温度变化对煤屑瓦斯扩散特性的作用程度同时也受到内部孔隙结构的影响。在温度小幅度变化范围内，瓦斯气体分子在煤屑内部孔裂隙中的扩散本质上是受到孔裂隙结构和温度双重制约作用的随机运动，而这一影响特性可以通过对扩散系数影响进行表达。

表4-6　瓦斯气体分子在孔道中扩散的主要表达式

扩散的模式	扩散系数计算式	扩散系数的数量级
表面扩散	$D_K = D_0 \exp\left(-\dfrac{E_S}{RT}\right)$	$D_S < 10^{-7} \ \mathrm{m^2/s}$
Knudsen 扩散	$D_K = \dfrac{2r_p}{3}\sqrt{\dfrac{8RT}{\pi M}}$	$D_K \sim 10^{-6} \ \mathrm{m^2/s}$
菲克扩散	$D_F = k\dfrac{T^{1.5 \sim 2}}{P}$	$D_F \sim 10^{-5} \sim 10^{-4} \ \mathrm{m^2/s}$

其中，D_S、D_K 以及 D_F 分别表示表面扩散、Knudsen 扩散以及 Fick 扩散系数；E_S 分别表示表面扩散的活化能；T 表示绝对温度；D_0 表示无限稀释时的扩散系数；r_p 表示孔径；M 表示气体分子量。

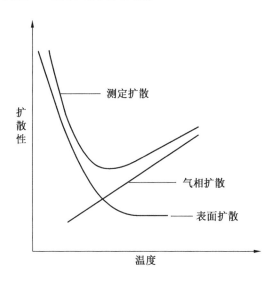

图4-23　温度对扩散影响的示意图

随着温度的增加，表面扩散降低，而气相扩散增大，而表面扩散随着温度降低远快于 knudsen 扩散，这是由于吸附热远大于表面扩散的活化能，总的测定扩散呈现先降低后增加的趋势。而这种趋势变化程度，多与煤屑孔裂隙中不同瓦斯扩散模式的占比有关。因此温度对煤瓦斯解吸扩散规律的影响，本质上还是要受煤中的孔隙结构制约。煤屑内部并不存在着单一孔隙结构，而是由多种孔隙半径范围的孔隙所组成，煤屑内部所吸附的瓦斯气体在解吸过程中有多种扩散模式共存，温度变化对煤屑解吸瓦斯动力学特性的影响主要是对其扩散系数的影响。

第五章 煤层瓦斯含量井下直接测定技术

第一节 煤层瓦斯含量直接测定技术原理与工艺

解吸法直接测定瓦斯含量是目前最通用的方法，经过多年研究形成了《煤层瓦斯含量井下直接测定方法》（GB/T 23250—2009），依据该标准，测定瓦斯含量有两种方法，分别是常压自然解吸法和脱气法，这两种方法分别对应 DGC 型瓦斯含量直接测定技术和 FH - 5 型瓦斯含量直接测定技术。

一、技术原理

煤样从煤层中脱落开始，煤样中的瓦斯会以一定的规律解吸释放出来，通过分别测定和计算采样、装罐、粉碎等过程的瓦斯解吸量和残存于煤样中的不可解吸瓦斯量，即可得到煤样的瓦斯含量。

采用常压自然解吸法测定时，瓦斯含量由瓦斯损失量（从煤样脱落开始到煤样被装入煤样罐之前的瓦斯解吸量）、井下瓦斯解吸量、煤样粉碎前的瓦斯解吸量、粉碎过程及粉碎后的瓦斯解吸量、不可解吸瓦斯量 5 部分构成式（5 - 1）。瓦斯损失量通过井下实测的瓦斯解吸速度按照瓦斯解吸规律推算得出，井下瓦斯解吸量、煤样粉碎前的瓦斯解吸量和粉碎过程及粉碎后的瓦斯解吸量通过实际测定得出，不可解吸瓦斯量通过计算常压状态下瓦斯吸附量得到。采用脱气法测定时，粉碎过程及粉碎后的瓦斯解吸量和不可解吸瓦斯量可直接通过测定粉碎脱气瓦斯量得到。

采用常压自然解吸法测定时，瓦斯含量按式（5 - 1）进行计算，用脱气法测定时按式（5 - 2）进行计算：

$$Q = Q_1 + Q_2 + Q_3 + Q_4 + Q_b \qquad (5-1)$$

$$Q = Q_1 + Q_2 + Q_i + Q_t \qquad (5-2)$$

式中　Q_1——煤样井下解吸瓦斯量，cm^3/g；

$\qquad Q_2$——煤样的瓦斯损失量，cm^3/g；

Q_3——煤样粉碎前解吸瓦斯量，cm^3/g；

Q_4——煤样粉碎过程及粉碎后解吸瓦斯量，cm^3/g；

Q_b——不可解吸瓦斯量，cm^3/g；

Q_i——煤样粉碎前脱气瓦斯量，cm^3/g；

Q_t——煤样粉碎脱气瓦斯量，cm^3/g。

　　根据瓦斯解吸规律，瓦斯损失量推算模型通常采用式（5-3）计算，模型曲线如图5-1所示，推算模型中的 i 以前均按0.5取值。大量试验研究表明，不同粒度煤样的瓦斯解吸规律基本相同，但 i 值有所不同。根据采取煤样的粒度不同，用不同的 i 值进行推算可以提高瓦斯损失量的推算准确性。

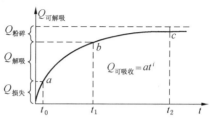

图5-1　瓦斯解吸量与时间关系图

$$Q_2 = at^i \tag{5-3}$$

　　依据深孔取到的煤样粒径分布特点，将煤样分为棒状、半棒状、大块状、块状（块状、粒状）、粉状5种类型，并根据大量实验结果确定了不同类型煤样的 i 值，构建了新的损失量分类推算模型（图5-2），显著减小了损失量推算误差。

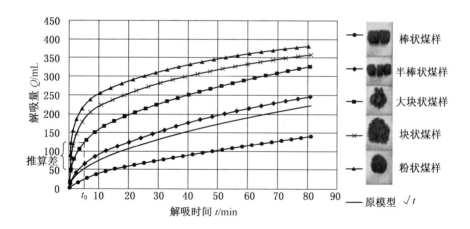

图5-2　不同粒径煤样瓦斯损失量计算模型

　　决定上述直接测定法测定结果误差大小的主要因素是瓦斯损失量推算模型和取样时间，模型越接近实际瓦斯解吸规律、取样时间越短则测定的整体误差越小。所以，井下准确直接测定煤层瓦斯含量的关键技术是根据不同粒度煤样的瓦斯损失量推算模型和深孔定点快速取样技术。在此两项关键技术解决的基础上，煤层瓦斯含量直接测定技术实现了钻孔定点取样深度达 120 m、取样速度大于 500 g/min、取样时间在 2 min 以内、测定时间小于 8 h、测量误差小于 10% 的技术指标。

二、工艺流程

直接法测定煤层瓦斯含量包括煤层取样、井下测定和实验室测定 3 个环节，采用自然解吸法测定瓦斯含量时，工艺流程如图 5 - 3 所示。

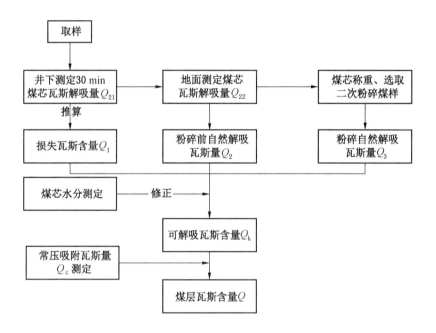

图 5 - 3　瓦斯含量测定流程图

（1）取样。根据不同地点条件和采样深度，选择不同定点取样装置，定点采集预定深度处的煤样，要求煤样从暴露到装入煤样罐内密封所用的实际时间不超过 5 min。

（2）井下自然解吸瓦斯量测定。测定采用排水集气法，将井下瓦斯解吸速度测定仪与煤样罐进行连接，如图 5 - 4 所示，每间隔一定时间记录量管读数及测定时间，连续观测 30 ~ 120 min 或解吸量小于 2 cm³/min 为止。

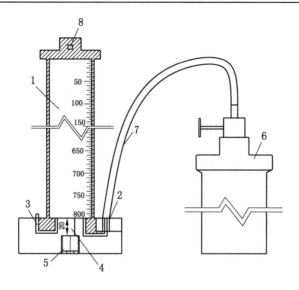

1—管体；2—进气嘴；3—出液嘴；4—灌水通道；5—底塞；
6—煤样筒；7—连接胶管；8—吊耳

图5-4　井下解吸速度测定仪连接图

（3）地面瓦斯解吸量测定。用重庆研究院研制的 DGC 型瓦斯含量直接测定装备时，采用常压自然解吸法，在地面先测定煤样罐中煤样粉碎前自然解吸瓦斯量，然后取 100 ~ 300 g 煤样放入密闭粉碎机中粉碎至约 95% 以上煤样粒度小于0.25 mm，在常压状态下，测定粉碎中煤样所解吸的瓦斯量。

用沈阳研究院研制的 FH - 5 型瓦斯含量直接测定装备时，煤样粉碎前进行脱气计量，然后粉碎煤样至 80% 煤样粒度小于 0.2 mm，加热脱气计量，并测定煤样质量、水分（M_{ad}）和灰分（A_{ad}）。采用气相色谱仪测定解吸气体、损失气体（由解吸气体推算的）和脱出气体中甲烷、乙烷、丙烷、丁烷、重烃、氮、二氧化碳、一氧化碳和氢的浓度（V/V）。混有空气的瓦斯中各种成分的浓度应换算成无空气成分的浓度。

（4）瓦斯含量计算。以井下测定的煤样瓦斯解吸速度为基础，根据损失量推算模型计算瓦斯损失量；记录井下煤样瓦斯解吸量和粉碎前煤样瓦斯解吸量；采用常压自然解吸法时，记录粉碎瓦斯解吸量，用朗格缪尔公式计算 1 个标准大气压下的煤样瓦斯吸附量作为不可解吸瓦斯量，将井下和实验室瓦斯含量测定过程中记录的数据输入"DGC 型瓦斯含量直接测定装置计算软件"进行自动计算处理，即可得到最终的煤样瓦斯含量。采用脱气法测定时，将推算的损失量、井下解吸量、粉碎前脱气量、粉碎后脱气量换算成标准状态下的量，四者之和即为最终的煤层瓦斯含量。

三、测定装备

煤层瓦斯含量直接测定装备包括：DGC 型瓦斯含量直接测定装置或 FH - 5 型瓦斯含量测定仪以及其他配套装置。

（1）DGC 型瓦斯含量直接测定装置：主要由井下解吸装置、地面解吸装置、称重装置、煤样粉碎装置、水分测定装置、数据处理系统等几部分构成（图 5 - 5）。该装置具有操作简单、维护量小、使用安全等特点，可在 8 h 以内完成井下煤层瓦斯含量的测定。近年来，在原装备的基础上研发了自动化 DGC 型瓦斯含量直接测定装置（图 5 - 6），采用工业控制技术，实现了井下瓦斯解吸速度的自动测定、瓦斯解吸量的自动测定和瓦斯含量的自动计算、存储、输出和上传，避免了人为误差，大大提高瓦斯含量测定结果的准确性。

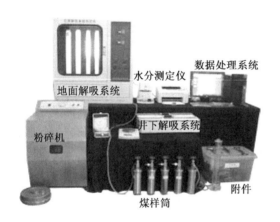

图 5 - 5　DGC 型瓦斯含量直接测定装置　　　　图 5 - 6　自动化 DGC 瓦斯
含量直接测定装置

（2）FH - 5 型瓦斯含量测定仪：由脱气仪（在最大真空度下静置 30 min，真空计水银液面上升不超过 5 mm）、超级恒温水浴（控温范围 0 ~ 95 ℃，温控 1 ℃）、真空泵（抽气速率 4 L/min，极限真空 7 × 10^{-2} Pa）、球磨机（粉碎粒度 < 0.25 mm）等组成（图 5 - 7）。

四、操作注意事项

瓦斯含量直接测定如采用 DGC 型瓦斯含量直接测定装置测定时，操作注意事项如下：

图 5 - 7　FH - 5 型瓦斯含量测定仪

（1）入井前及地面解吸前，必须采用浸水法检验煤样筒的气密性。

（2）顺层钻孔使用 SDQ 型深孔快速定点取样装置取样时，应检查管路连接是否正确，并应保证整套装置的气密性；应检查压缩空气是否干燥，防止取样过程中煤粉与水混合堵塞钻杆。打钻过程中，检查双壁钻杆内管密封圈是否完好，取样钻头和内、环管是否畅通；连接钻杆时保证两根钻杆连接紧密不漏气；取样过程中严格按照操作说明进行风尾的转换，防止误操作造成取样失败；取样结束后，将风尾更换为普通打钻风尾，压风冲洗钻杆，方便下次取样使用。

（3）井下解吸系统操作过程中一定要注意煤样筒的气密性和井下解吸仪的防漏水性；尽可能地减少取样时间；如实反映打钻过程中的喷孔、顶钻、排粉等情况；煤样筒在升井达到实验室直至实验室解吸开始过程中一定确保阀门处于关闭状态；正确使用每个仪器，防止仪器损坏或丢失。

（4）从井下取样开始至地面破碎解吸结束，时间不得超过 12 h，且地面解吸时间不超过 30 min。地面常压解吸时，当煤样筒内瓦斯解吸量较少，且井下温度高于地面实验室温度时，容易产生倒吸现象（地面解吸仪水槽内的水通过胶管吸入煤样筒），地面解吸时应密切注视解吸情况，防止工作液倒吸入煤样筒内。若存在倒吸现象则该样解吸结束，进入下一步操作。

（5）称煤样重量过程中，在电子天平上放被称量物时要轻拿轻放，所称量物品切勿超过其最大量程；称量结束后及时把称量物从电子天平上取下以避免长时间使电子天平处于受重状态，称量结束后要关机断电。

（6）二次煤样应及时粉碎，振动台要采取固定和减震措施，操作过程中要防止碰撞，避免设备损坏。

（7）凡是出现以下情况之一的，均视为废样，必须重新测定：①井下取样时间超时；②地面破碎解吸单份煤样重量超过 200 g；③地面破碎解吸量偏差超过 10% 未按照最大解吸量计算；④采用孔口接样和 SDQ 取样，煤样类型未选中Ⅴ类（粉状）；⑤地面破碎解吸未选取 3 mm 以上颗粒或选取煤样矸石较多；⑥井下解吸量小于 2 mL/min 仍输入软件；⑦煤样灰分≥40% 。

第二节 瓦斯含量直接测定技术准确性分析

瓦斯含量直接测定技术是否可以准确测得瓦斯含量，是一直探索的问题。可采用实验室比对法或现场间接测定瓦斯压力计算瓦斯含量对比法。由于瓦斯压力测定影响因素较多，计算瓦斯含量中的水分、灰分等均有误差，导致比对困难。实验室比对法因相对简单，影响因素少，广泛应用，本节采用实验室比对的方法进行含量测定准确性分析。

一、瓦斯含量准确性比对实验内容及方案

1. 实验内容

（1）瓦斯解吸规律。依据煤矿井下现场条件，设定特定环境特定时间段瓦斯解吸量与时间的关系测定。

（2）损失瓦斯含量测定。在暴露时间阶段，利用简易解吸仪排水法收集，并测量其解吸量。

（3）瓦斯含量测定：先利用 PCTPro - evo 高压吸附解吸仪测定特定环境及温度条件下的煤屑瓦斯吸附量，再将煤样利用 DGC 瓦斯含量直接测定法测定其瓦斯含量，实验过程中所测参数及仪器设备等详见表 5-1。

表 5-1 各个实验过程关系

测定过程		实验室测定量	所用设备	代表井下量
解吸实验	吸附实验	煤屑瓦斯吸附量	PCTPRO - evo 装置	煤层瓦斯含量
	暴露过程	煤样暴露 2 min 解吸的瓦斯含量	PCTPRO - evo 装置、井下瓦斯解吸仪	井下取样过程中瞬间暴露 2 min 的瓦斯解吸量
	DGC 测定过程	根据直接法测定过程地面测定各阶段的量	PCTPRO - ev 装置、DGC 装置	井下现场直接测定煤层瓦斯含量过程

2. 煤屑瓦斯吸附解吸规律实验系统

1）煤屑瓦斯吸附解吸实验原理

煤屑瓦斯气体的吸附是由于物质内部的分子和周围分子有相互吸引产生的吸附力所引起的，但是这种吸附力会随着物质内表面积、温度以及压力等因素的不同而不同。静态吸附法是一种经典的气体吸附测量方法，在真空环境中将吸附质与吸附剂放在一起，达到平衡后测量吸附量，因此在实验过程测试系统的密封以及达到吸附平衡的判定尤为重要。静态吸附法又分为重量吸附法（重量法）和容积吸附法（容量法）两种。重量法是根据称取吸附前后吸附剂质量的改变来测定吸附量。容量法又分为：固定容积、测量吸附前后自由气体压力变化的定容法和固定压力、测量体积变化的定压法。本实验采用定容法，如图 5-8 所示，其具体步骤为：煤样预处理后装入样品池，其中的自由空间体积为 V_C，气体压力为 P_{j-1}，阀门 E_1 由闭到开，向容积为 V_R 的参考罐中冲入压力为 P_R 的吸附气体，阀门 E_1 由开到闭，阀门 E_2 由闭到开，当压力值 P_R 大于 P_{j-1} 时，样品发生吸附；当压力值 P_R 小于 P_{j-1} 时，样品发生解吸；通过测量仪器采集不同时间的 P_j 和 T_j 数据并通过式（5-4）计算不同时刻的吸附量或解吸量。

$$N_j = \frac{1}{RT_j} \sum_j \left[P_{Rj}V_R + P_{j-1}V_C + P_{Rj}(V_R + V_C) \right] \tag{5-4}$$

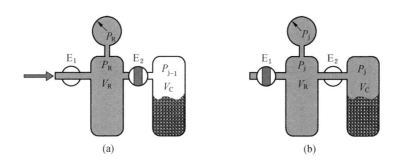

(a)　　　　　　　　　　　　　(b)

图 5-8　容量法原理图

2）吸附解吸测定装置

吸附解吸实验装置是在法国 Setaram 公司生产的全自动 siverts 型高压气体吸附解吸分析仪 PCTPro-evo 基础上改造形成的，实验系统结构示意如图 5-9 所示。PCTPro-evo 高压气体吸附解吸仪能够满足不同材料气体吸附解吸量的测试工作，测定压力范围为真空至超高压(200×10^5 Pa)压力范围，温度范围为 -269～400 ℃，最高灵敏度的检测限为 3 μg；进气压力采用 PID 自动控制，可实现恒定

P、ΔP 或 $f(\Delta P)$ 等多种模式，控制精度为压力 0.5%、容积 5% 和温度 1%。配合多体积进气系统、双量程压力传感器及 13 套全自动程序，可实现气体吸附 PCT、动力学、材料循环寿命的全自动测试。

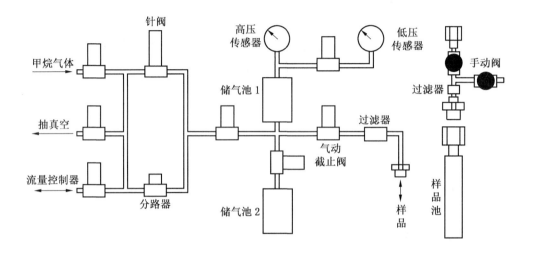

图 5-9　PCTPro-evo 实验系统结构示意图

　　该仪器主要包括恒温系统、数据采集控制系统、气路压力控制系统和真空系统等，实验测定的具体步骤如下：

　　（1）装样。首先称取煤屑样品并准确记录样品质量，然后装入仪器样品池。为避免样品在实验过程中对实验系统的污染，利用锡纸对煤样包裹处理（图 5-10）。由于样品池与仪器采用 VCR 连接，所以盖螺母与样品池的连接处应加入退火铜垫圈，手动拧紧后用扳手再将其旋转 60°，保证盖螺母压紧退火铜垫圈并出现压痕，但不能过紧。

　　（2）用加热套包裹好样品池，并分别将两个热电偶对应连接到样品池和加热套；通电，保持氮气气路敞开，启动真空泵，整个仪器管路置于真空环境下脱气并仪器自检。

　　（3）开启仪器的测试控制软件，选择要测试的气体以及样品池，等待系统程序自检结束后，自动进入实验操作主页面，然后按照实验方案要求进行温度设置。

　　（4）仪器检漏完成后，充入低压氦气测定仪器自由空间。

　　（5）样品预处理：将样品加热到 100 ℃，抽真空 4 h，再设置实验温度，继续抽真空 6 h。

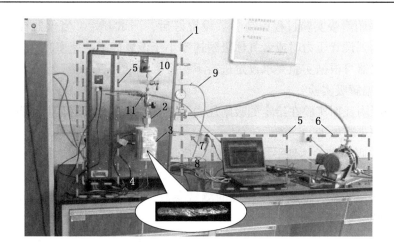

1—PCTPro‒evo 仪器；2—实验样品池；3—加热套；4—热电偶；5—数据采集及控制系统；
6—干式真空泵；7—甲烷气体气路；8—氮气气体气路；
9—氦气气体气路；10、11—手动阀

图 5‒10　PCTPro‒evo 吸附解吸实验系统

（6）校准自由空间体积：利用氦气对样品池自由空间体积在实验温度下进行校准，在校准的过程中，应保持环境温度恒定。

（7）对实验样品进行动力学测试，相关测试参数设置见表 5‒2。

表 5‒2　实验过程设置参数（吸附过程）

参 数 选 项	参 数 设 置	备　注
吸附或解吸	adsorption	根据实验需设定
样品质量/g	32.5326	实验前称取，并记录
样品池死空间/mL	59.2926	氦气校准自由空间体积
标准池体积/mL	161.6	根据实验方案需要选择
低压传感器	yes	是否用低压传感器
渐进时间步长	yes	数据采集频率设置
最大间隔时间/s	600	采样数据时间间隔
时间步长常数	1.5	采样时间常数是采集间基础
平衡测量法	Yes	平衡测试，仪器自动停止
平衡速率标准	0.0001 wt% min × 1000	吸附平衡判定标准
开始测试/min	1	开始测试时间
最大测试时间/h	1000	实验总时间，设置较大值

（8）吸附解吸实验过程控制参数设置好后，测试开始。当仪器样品池中的气体压力达到设置压力时或者气体吸附速率小于设置的平衡速率时，仪器自动停止测试。仪器可根据实验要求设定进行下一个测试过程。

3）等温解吸实验

煤屑吸附瓦斯实验在给定的吸附压力下平衡后，进行煤屑瓦斯解吸量的测定实验，具体步骤如下：

（1）在吸附实验达到平衡后，仪器控制软件自动跳出提示并设定进入主控制页面，同时关闭阀门 10。

（2）设置仪器控制软件中相关的测试参数，详见表 5-3，点击开始，仪器开始测量解吸数据。

表 5-3　实验过程设置参数（解吸过程）

参 数 选 项	参 数 设 置	备 注
吸附或解吸	desorption	根据实验需设定
样品质量/g	32.5326	实验前称取，并记录
样品池死空间/mL	59.2926	氦气校准自由空间体积
标准池体积/mL	161.6	根据实验方案需要选择
低压传感器	yes	是否用低压传感器
渐进时间步长	yes	数据采集频率设置
最大间隔时间/s	10	采样数据时间间隔
时间步长常数	1.5	采样时间常数是采集间基础
平衡测量法	Yes	平衡测试，仪器自动停止
平衡速率标准	0.0001 wt% min × 1000	解吸平衡判定标准
开始测试/min	1	开始测试时间
最大测试时间/h	1000	实验总时间，设置较大值

（3）为模拟井下取样时煤样暴露导致的瓦斯放散，打开阀门 11，使样品池中的样品暴露在大气环境中。

（4）样品暴露在大气环境一定时间后，关闭阀门 11，打开阀门 10 开始采集瓦斯解吸动力学数据。

（5）测定完实验方案要求的解吸时间后，关闭阀门 10 和解吸测试软件并导出实验数据。

3. 实验方案

　　根据实验要求，筛选出 0.2 ~ 0.25 mm，0.25 ~ 1 mm，1 ~ 3 mm，3 ~ 5 mm，5 ~ 10 mm 等不同粒度的煤样进行瓦斯吸附解吸实验，验证各个瓦斯含量测定方法的准确度。煤样制作 300 g 以上装入磨口瓶备用。筛选出不同矿井 1 ~ 3 mm 的煤样 300 g 以上装入磨口瓶备用，验证瓦斯含量间接快速测定模型及其他实验。

　　1）吸附实验

　　先称取一定质量的煤样，用锡纸包裹，放在样品池中，按照仪器操作说明连接仪器与样品池，并设置温度、压力等相关的实验参数，进行平衡吸附，并记录该仪器测定过程中的自由空间体积、温度、吸附平衡压力、温度等实验参数。

　　2）解吸实验

　　该实验过程主要是在瓦斯气体吸附达到平衡后进行的，达到吸附平衡后，首先关闭样品池与仪器的气路连接，然后设置解吸环境参数，当仪器解吸数据开始采集时，样品池与井下解吸仪连接，收集暴露 2 min 的解吸量与样品池中游离瓦斯含量，并通过已知样品池的自由空间体积通过真实气体方程计算出煤样在暴露 2 min 的解吸量，即为损失瓦斯含量。将以上煤样利用 DGC 瓦斯含量测定装置按使用要求再测定瓦斯含量中的 Q_2、Q_3、Q_c 部分。

　　3）实验过程

　　选取演马庄煤矿 2 号煤层，利用分析天平称取约 30 ~ 40 g 煤屑，误差 0.0001 g，对煤样进行编号，保存于干燥器中。为排除水分影响，将煤样置于干燥箱中，加热到 100 ~ 105 ℃ 恒温 4 ~ 6 h，并在干燥过程中抽真空，烘干后的煤样置于干燥器中冷却保存。将称取后的煤样按照操作步骤放置于 PCTPro - evo 高压气体吸附解吸装置的样品池中，设置温度参数、抽真空、校正自由空间体积后进行吸附，利用每分钟吸附速率的大小判断煤样是否达到平衡（具体参数详见表 5 - 2），记录此时的吸附量。将吸附平衡后的煤样罐接到大容量等压井下瓦斯解吸测定仪上，测定煤样暴露 2 min 内的累计瓦斯放散量，然后在转接到小容量瓦斯解吸仪上测定瓦斯解吸量 30 min 后，进行自然解吸，当每分钟的解吸量小于 1 mL 时停止解吸，记录解吸值，关闭阀门取样进行粉碎，得到瓦斯粉碎解吸量。同时记录下实验室温度和大气压以供校正之用。

二、实验结果分析

1. 损失量测定计算

　　利用 He 矫正样品池中自由空间体积，记录测定达到吸附平衡时的压力及温度，收集暴露过程中的气体量，除去样品池中自由空间的瓦斯量即为在暴露过程中的瓦斯解吸量，自由空间内吸附平衡压力条件下的瓦斯量根据范德瓦尔斯实际气体状态方程计算得到，详见表 5 - 4。

$$(P + n^3 c_1/V^2)(V - nc_2) = nRT \qquad (5-5)$$

其中 c_1、c_2 为范德华常数，c_1 反映分子间相互吸引力的强弱，c_2 为已占体积，是由分子占有一定体积而对体积的校正，反映了分子的大小，对于甲烷气体，$c_1 = 0.228$ Pa·m^6/mol^2；$c_2 = 0.0428 \times 10^{-3}$ m^3/mol。

表 5-4　损失瓦斯含量测定结果

煤屑粒度/mm	吸附平衡压力/MPa	煤样质量/g	自由空间体积/mL	吸附温度/℃	解吸温度/℃	收集气体量/mL	损失瓦斯量/(mL·g^{-1})
0.2 ~ 0.25	1.05899	32.2504	49.981	30	12.5	610	4.7579
0.25 ~ 1	1.00475	33.9339	48.802	30	13	550	3.7784
1 ~ 3	1.23878	42.247	44.377	30	14	560	1.9441
3 ~ 5	0.98304	36.1711	46.8948	30	14	490	2.5916
5 ~ 10	0.95286	36.2779	48.5232	30	16.5	460	1.7098

2. 吸附量及测定量实验结果分析

首先对煤样瓦斯气体进行吸附解吸实验，在特定条件下测定煤样吸附含量及其解吸规律，在测定上述参数的同时，利用解吸仪测定煤样在暴露过程中损失瓦斯含量。然后根据 DGC 瓦斯含量测定装置的要求和步骤对瓦斯含量的几个部分进行测定，为该方法原理的测定结果的准确性提供数据支撑，详见表 5-5。

表 5-5　吸附量及瓦斯含量直接测定

粒度/mm	吸附量/(mL·g^{-1})	暴露放散量/(mL·g^{-1})	DGC 瓦斯直接测定量/(mL·g^{-1})				
			W_1	W_{21}	W_{22}	W_3	W_C
0.2 ~ 0.25	15.0416	4.7579	3.3458	4.6723	1.1671	2.6260	2.6676
0.25 ~ 1	15.9111	3.7784	3.0531	4.0323	1.6656	4.6081	2.6676
1 ~ 3	11.0292	1.9441	1.6706	1.6249	1.4727	4.1502	2.6676
3 ~ 5	15.9736	2.5916	2.3645	2.2437	2.5961	7.1133	2.6676
5 ~ 10	11.9304	1.7098	1.5656	1.6781	2.6022	4.1619	2.6676

为了考察煤样粒度对暴露 2 min 后瓦斯损失量占瓦斯含量的大小比例的影响，分别以瓦斯损失量与损失量所占瓦斯含量比例为纵坐标，以粒度作为横坐标分析其随着粒度的变化趋势，如图 5-11 所示。为了分析考察 DGC 型瓦斯含量

直接测定方法的准确性，将瓦斯含量直接测定值与瓦斯含量吸附值进行对比，并着重对瓦斯损失量测算值与测定值进行分析。

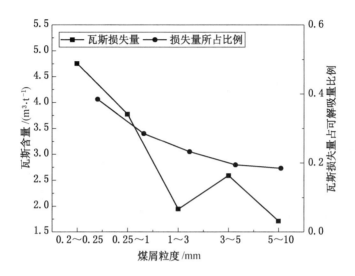

图 5-11 损失量随煤屑粒度的变化

从图 5-11 中可以看出，随着粒度的增大，暴露时间段的瓦斯损失量及损失量占用的可解吸瓦斯含量的比例都在逐渐减小，但这种减小的幅度会随着粒度的增加而减小，最后变化曲线趋于平缓，即当粒度大于一定值时，其瞬间暴露阶段瓦斯损失含量将不再发生变化。实验表明，测定的瓦斯量一般要大于吸附量，可能是由于测定过程中，煤中存在着封闭孔隙结构，其中包含有一定量的瓦斯，在粉碎过程中这些瓦斯释放，而在吸附过程中，抽真空并不能将该气体抽取出。从图 5-12 中可以看出，损失瓦斯含量测定值与瓦斯含量误差率随着粒度增大而增大，其主要原因是随着煤屑粒度的减小，煤样的表面积增大，初始解吸快，所占可解吸量的比重较大，使得暴露期间放散量与后期解吸规律的符合性较差，利用解吸规律推算得到的损失解吸量结果偏小。当粒度大于 1 mm 时，损失量误差率降低的幅度不再明显，而从整个瓦斯含量测定过程中可以看出，损失量误差的大小虽然给整个瓦斯含量测定结果带来一定误差，但是整体的影响较小。实验中瓦斯含量最大误差 6.9%，可以进一步说明 DGC 测定瓦斯含量相对准确，如果对损失量推算模型针对煤层进行修正，可进一步减少损失量推算误差。因此在现场测定过程中，以 DGC 测定结果为对比依据，有条件的地区可针对性修正损失量推算模型来提升准确度。

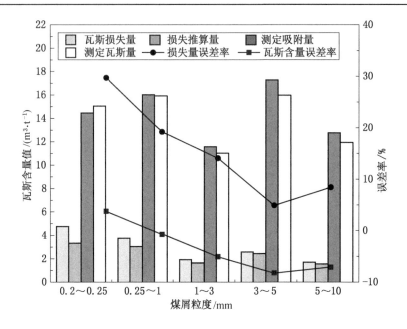

图 5 - 12　瓦斯含量测定结果对比

三、损失量修正实验

为了更准确地测定煤层瓦斯含量，为现场瓦斯含量测定提供对比依据。将原有的 DGC 瓦斯含量测定模型在 GB/T 23250 标准的前提下进行了修正，见式（5 - 6）。选取了淮南矿业集团的 7 个矿、8 层煤的煤样，按"本节一比对实验方案"的实验步骤进行了实验，测定数据见表 5 - 6。

$$Q = at^i - Q_0$$

$$i \in \begin{cases} [I_0, I_1] \\ [I_1, I_2] \\ [I_2, I_3] \\ [I_3, I_4] \\ [I_4, I_5] \end{cases}$$

$$a = \exp\left(-\frac{\left(\sum x_k \sum x_k y_k - \sum x_k^2 \sum y_k\right)}{n\sum x_k^2 - \left(\sum x_k\right)^2}\right) \Big/ \left(\frac{n\sum x_k y_k - \sum x_k \sum y_k}{n\sum x_k^2 - \left(\sum x_k\right)^2} + 1\right)$$

$$i = \frac{n\sum x_k y_k - \sum x_k \sum y_k}{n\sum x_k^2 - \sum (x_k)^2} + 1$$

其中：$y_k = \ln\dfrac{dQ_t}{dt}$，$x_k = \ln t$ （$k = 1, 2, 3 \cdots$）

$$(5 - 6)$$

式中　　　Q——瓦斯解吸量，mL；

　　　　　a——瓦斯含量系数；

i——煤的结构性系数；

Q_0——暴露时间的解吸量（损失量）；

$I_0 \sim I_5$——不同煤样的区间边界值。

表 5-6　含 量 对 比 表

煤矿名称	煤层	粒度/mm	压力/MPa	$I_0 \sim I_5$ 区间中位数	测定量/$(mL \cdot g^{-1})$	测算量/$(mL \cdot g^{-1})$	瓦斯含量/$(mL \cdot g^{-1})$	绝对误差率/%	平均误差率/%
顾北	北6-2	1~3	0.427		1.099	1.214	3.811	3.02	1.41
			0.841		1.949	1.976	5.730	0.46	
			1.125		2.475	2.458	6.605	0.26	
		3~5	0.445	0.19	0.941	1.067	3.922	3.21	
			0.855		1.649	1.722	5.780	1.25	
			1.128		2.093	2.134	6.613	0.61	
		5~10	0.474		0.916	1.013	4.085	2.36	
			0.845		1.613	1.588	5.746	0.44	
			1.077		1.995	1.927	6.475	1.05	
谢桥	13-1	1~3	0.732	0.11	1.211	1.274	5.615	1.12	1.14
			1.121		1.831	1.841	7.099	0.14	
			1.678		2.739	2.471	8.519	0.80	
		3~5	0.693		0.976	1.141	5.432	3.04	
			1.123		1.677	1.624	7.106	0.75	
			1.581		2.072	2.094	8.311	0.27	
		5~10	0.665	0.08	1.007	1.161	5.295	2.91	
			1.157		1.675	1.754	7.212	1.10	
			1.534		2.400	2.259	8.207	0.14	
潘二	3	1~3	0.603		1.214	1.165	4.138	1.18	2.19
			1.182		1.802	1.878	5.631	1.35	
			1.580		2.455	2.280	6.250	2.79	
		3~5	0.570	0.22	0.983	1.046	4.014	1.56	
			1.163		1.662	1.709	5.594	0.82	
			1.683		1.793	2.132	6.383	5.32	
		5~10	0.609		1.132	1.011	4.159	2.92	
			1.181		1.640	1.668	5.628	0.49	
			1.573		1.887	2.089	6.242	3.25	

表 5 - 6（续）

煤矿名称	煤层	粒度/mm	压力/MPa	$I_0 \sim I_5$ 区间中位数	测定量/($mL \cdot g^{-1}$)	测算量/($mL \cdot g^{-1}$)	瓦斯含量/($mL \cdot g^{-1}$)	绝对误差率/%	平均误差率/%
潘一东	11 - 2	1 ~ 3	0.462	0.15	0.565	0.647	2.910	2.83	1.68
			0.696		0.889	0.949	3.847	1.57	
			1.362		1.724	1.581	5.598	2.55	
		3 ~ 5	0.673		0.852	0.908	3.764	1.47	
			1.146		1.436	1.462	5.132	0.49	
			1.658		1.661	1.786	6.132	2.04	
		5 ~ 10	0.761		0.842	0.874	4.066	0.78	
			0.824		0.903	0.966	4.266	1.48	
			1.628		1.513	1.627	6.083	1.87	
新庄孜	B4	1 ~ 3	0.715	0.12	1.420	1.732	6.566	2.44	1.54
			1.185		2.384	2.488	8.553	1.21	
			1.640		3.254	3.062	9.822	1.96	
		3 ~ 5	0.700		1.076	1.240	6.485	0.99	
			1.237		2.024	1.981	8.722	0.49	
			1.613	0.09	2.562	2.346	9.758	2.21	
		5 ~ 10	0.756		1.214	1.349	6.784	2.00	
			1.175		1.955	1.984	8.522	0.35	
			1.660		2.699	2.478	9.869	2.24	
谢一	B8	1 ~ 3	0.663	0.12	0.754	0.859	4.851	2.17	1.76
			1.213		1.273	1.375	6.872	1.48	
			1.500		1.758	1.615	7.615	1.88	
		3 ~ 5	0.635		0.707	0.683	4.720	0.51	
			1.097		1.174	1.006	6.526	2.56	
			1.644		1.506	1.336	7.933	2.14	
		5 ~ 10	0.639		0.632	0.598	4.736	0.72	
			1.144		0.994	0.925	6.669	1.04	
			1.531		1.367	1.111	7.686	3.33	

表 5-6（续）

煤矿名称	煤层	粒度/mm	压力/MPa	$I_0 \sim I_5$区间中位数	测定量/(mL·g⁻¹)	测算量/(mL·g⁻¹)	瓦斯含量/(mL·g⁻¹)	绝对误差率/%	平均误差率/%
顾桥	11-2	1~3	0.651	0.12	0.407	0.451	3.575	1.23	1.50
			1.126		0.616	0.733	4.743	2.47	
			1.581		1.030	0.883	5.477	2.68	
		3~5	0.683		0.266	0.304	3.674	1.03	
			1.213		0.367	0.496	4.903	2.62	
			1.658	0.1	0.549	0.632	5.580	1.48	
		5~10	0.650		0.218	0.232	3.571	0.41	
			1.172		0.406	0.337	4.829	1.44	
			1.606		0.473	0.463	5.511	0.18	
	13-1	1~3	0.670	0.08	0.865	1.013	3.726	3.98	3.00
			1.179		1.542	1.561	4.955	0.37	
			1.605		1.966	1.969	5.626	0.05	
		3~5	0.654		0.659	0.959	3.674	4.72	
			1.193		1.257	1.524	4.980	5.37	
			1.638	0.06	1.704	1.869	5.669	2.91	
		5~10	0.617		0.745	0.571	3.551	4.89	
			1.135		1.184	1.101	4.872	1.72	
			1.545		1.550	1.385	5.544	2.98	

从表 5-6 中可以看出各个矿井煤层损失瓦斯含量最大误差范围为 0.13 ~ 0.31 mL/g，平均误差率变化范围为 1.14% ~ 3.00%，且各组绝对误差率＜5.5%，满足作为现场比对依据的需要。

第六章　煤层瓦斯含量间接
快 速 测 定 技 术

我国煤层瓦斯赋存条件极其复杂，差异性大，为适应我国煤层特点，提高含量快速测定的准确性，依据本书之前的分析，针对具体煤层测定时应首先修正含量间接快速测定模型。瓦斯含量间接快速测定模型应充分考虑分析现场多种环境因素对煤屑瓦斯解吸扩散规律的影响，在瓦斯含量与解吸规律关系模型的基础上充分考虑现场条件和使用人员的情况，对模型进行适当地简化并对操作流程进行优化，可在实验室或依据现场其他含量测定数据，快速建立适用于该煤层的瓦斯含量间接快速测定方法。

第一节　间接快速测定法建立

一、瓦斯解吸规律与含量之间的理论分析

现场测定煤样的瓦斯解吸规律一般是采用等压变容法（如排水法）或等容变压法（已知解吸空间体积根据压力计算解吸量）。排水法测定煤样瓦斯解吸规律可以保持煤屑周围压力（浓度）的恒定；但是，瓦斯中可溶水的气体成分会对测量结果的精度造成一定影响。煤矿井下现场利用定容法测定瓦斯解吸量时需直接测量实验系统自由空间（包含常说的"死空间"和标准池的空间）中气体压力随时间的变化值，然后根据压力值计算得到瓦斯累计解吸量随时间的变化规律，进一步可以得到煤层瓦斯含量与瓦斯解吸扩散动力学特征之间的相关关系。

在现场的测量实验过程中，常用的是定容测量方法。煤样向固定空间中解吸释放瓦斯气体，固定空间中的压力不断增加，进而固定空间中瓦斯气体浓度会随着解吸时间的延长而不断发生变化，即煤屑外边界瓦斯浓度 C_b 的值应为时间 t 的函数，即 $C_b = \Phi(t)$；但在实验过程中，含瓦斯煤样的解吸扩散过程处于一个孤立系统中，根据质量守恒定律，C_b 值的变化值的大小取决于煤屑中瓦斯气体浓度 C 的值和实验系统中固定空间体积大小，也可等效为实验系统中固定空间稀释了的整个煤样中的瓦斯气体浓度。

现场采用等容法测定解吸量时，煤屑颗粒周围的压力为一个大气压左右，煤屑外边界吸附的瓦斯气体属于低压吸附，即煤屑外边界层吸附瓦斯气体规律符合亨利定律 $[r = R;\ C = k_m\Phi(t)]$。由于含瓦斯煤富含微小孔裂隙，其瓦斯扩散系数一般极小，煤屑瓦斯气体解吸扩散的快慢主要由煤屑内部扩散阻力决定，即煤屑内部的扩散阻力远大于外边界的传质阻力。因此忽略煤屑边界层传质作用对瓦斯解吸扩散数学物理模型的影响（$Bi \to \infty$）。所以对于球状扩散坐标系（图 6-1），解吸扩散数学物理模型可以简化为

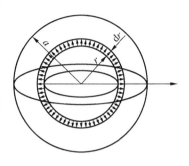

图 6-1　球状煤屑的瓦斯扩散

$$\begin{cases} \dfrac{\partial C}{\partial t} = D\left(\dfrac{\partial^2 C}{\partial r^2} + \dfrac{2}{r}\dfrac{\partial C}{\partial r}\right) \\ t = 0;\ C = C_i \\ r = 0;\ \dfrac{\partial C}{\partial r} = 0 \\ r = a;\ C = k_m\Phi(t) \end{cases} \tag{6-1}$$

通过分离变量法，基于数学物理模型方程［式（6-1）］的齐次方程固有函数系 $R_n(r) = \sin\lambda_n r$ 的展开求解（其中 $n = 1,\ 2,\ \cdots$）；得到 $\lambda_n = n\pi/R$；将自由相按照固有函数系展开，并对方程解的形式进行变换得到：

$$C = \sum_{n=1}^{\infty}\left\{\int_0^t 2k_m\exp(k_n^2 D\tau)\Phi'(\tau)\mathrm{d}\tau - (-1)^n[C_i - k_m\Phi(0)]\right\}\exp(-k_n^2 Dt)\frac{\sin\lambda_n r}{\lambda_n r} + k_m\Phi(t)$$

$$\tag{6-2}$$

煤屑内部由于孔隙结构分布的非均匀性造成瓦斯浓度分布的非均匀性。在煤屑内部瓦斯气体分子扩散达到新的平衡之前，瓦斯气体浓度 C 的分布是扩散半径 r 的函数。由于本书考察的对象是颗粒煤屑中整体的瓦斯含量，而不考察单个煤屑内部瓦斯浓度梯度分布，因此对颗粒形状为球形的煤屑瓦斯扩散模型来说，可对球形体积进行积分，消除粒度半径对煤屑颗粒瓦斯解吸扩散规律的影响，得到煤屑颗粒的平均体积浓度随时间变化的函数为

$$\langle C \rangle = \sum_{n=1}^{\infty}\left\{\frac{6[C_i - k_m\Phi(0)]}{(\lambda_n R)^2} - \int_0^t \exp(\lambda_n^2 D\tau)\frac{6k\Phi'(\tau)}{(\lambda_n R)^2}\mathrm{d}\tau\right\}\exp(-\lambda_n^2 Dt) + k_m\Phi(t)$$

$$\tag{6-3}$$

根据质量守恒定律以及容量法测定瓦斯解吸扩散动力学特性的原理，在孤立

密闭的测定系统中，煤样中放散的瓦斯被密封在一定的容积内，造成了容积内自由气体浓度的升高，而相应的煤样中的瓦斯含量减少，则有煤样中瓦斯气体的减少量等于自由气体的增加量，即满足质量守恒定律：

$$V_{\text{total}} \frac{\mathrm{d}\Phi(t)}{\mathrm{d}t} + V_{\text{p}} \frac{\mathrm{d}\langle C \rangle}{\mathrm{d}t} = 0 \qquad (6-4)$$

其中，V_{p} 为煤样体积，m^3；V_{total} 为标准池与自由空间体积之和（$V_{\text{r}} + V_{\text{free}}$），$\text{m}^3$；联合式（6-3）和式（6-4）并得到：

$$-\left(\frac{V_{\text{total}} + K_{\text{m}} V_{\text{p}}}{V_{\text{total}}} \right) \frac{\mathrm{d}\langle C \rangle}{\mathrm{d}t} = \sum_{n=1}^{\infty} \frac{6D[C_{\text{i}} - k_{\text{m}}\Phi(0)]}{R^2} \exp(-\lambda_n^2 Dt) +$$

$$\sum_{n=1}^{\infty} \frac{6 V_{\text{p}} k_{\text{m}} D}{R^2 V_{\text{total}}} \frac{\mathrm{d}\langle C \rangle}{\mathrm{d}t} \times \exp(-\lambda_n^2 Dt) \qquad (6-5)$$

从式（6-5）中可以看出，瓦斯解吸扩散规律是多个过程的叠加，其速率的变化整体呈现指数衰变。公式中卷积的存在表明解吸速率同样受到煤屑自身的浓度变化特性的影响，从理论上说明了定容法测定瓦斯解吸扩散规律过程中，已放散的瓦斯气体会对煤屑瓦斯解吸扩散产生一定的影响。由于在实际的测定过程中，往往会对一定时间内瓦斯累计解吸量进行测定，所以对式（6-5）两边从时间 $t_0 \rightarrow t$ 进行积分得到该时间段内的解吸量，进而得到单位体积煤屑瓦斯气体解吸规律的表达式：

$$C_{\text{i}} = \frac{\displaystyle\sum_{n=1}^{\infty} \frac{6 V_{\text{p}} Q_{t-t_0}}{(\lambda_n R)^2} F[t, t_0]}{\displaystyle\sum_{n=1}^{\infty} \frac{6 V_{\text{p}} K_{\text{m}}}{(\lambda_n R)^2 V_{\text{total}}} F[t, t_0] - \left(1 + \frac{k_{\text{m}} V_{\text{p}}}{V_{\text{total}}} \right)} + k_{\text{m}}\Phi(0) \qquad (6-6)$$

其中，$F[t, t_0] = \exp(-\lambda_n^2 Dt) - \exp(-\lambda_n^2 Dt_0)$，$Q_{t-t_0} = V_{\text{p}} \times [\langle C \rangle(t_0) - \langle C \rangle(t)]$。

从式（6-6）中可以看出，煤屑瓦斯初始浓度即瓦斯初始含量与瓦斯解吸规律息息相关，这也是我们通过瓦斯解吸规律快速测定煤屑瓦斯含量的基本理论依据。当 $t_0 = 0$，即可以表示瓦斯气体从 0 时开始解吸扩散；令 $n = 1$ 时，从理论上简化整个叠加过程，式（6-6）两边对时间 t 进行求导，得到煤屑瓦斯气体解吸速率近似关系式：

$$v_{\text{t}} = \frac{6 q_i V_{\text{total}} \lambda_1^2 D \exp(-\lambda_1^2 Dt) \pi^2 (k_{\text{m}} V_{\text{p}} + V_{\text{total}})}{\left\{ 6 k_{\text{m}} V_{\text{p}} [\exp(-\lambda_1^2 Dt) - 1] - \pi^2 (k_{\text{m}} V_{\text{p}} + V_{\text{total}}) \right\}^2} \approx k_1 \exp(-k_2 t) \qquad (6-7)$$

根据式（6-7）可以看出，瓦斯解吸速率关系式近似于指数关系式，因此利用经验模型中的速率指数关系与解吸速率建立联系，并对公式之间的各个参数作对应类比，得到基于煤屑的初始瓦斯放散参数计算瓦斯含量的公式：

$$q_i = \frac{k_1\left\{\pi^2\left(\dfrac{k_m V_P}{V_{total}}+1\right)+\dfrac{k_3 k_m V_P}{V_{total}}\big[1-\exp(-k_2 t)\big]\right\}^2}{k_3 k_2 \pi^2\left(\dfrac{k_m V_P}{V_{total}}+1\right)} \qquad (6-8)$$

式中　　　q_i——煤层初始瓦斯含量，m^3/t；

　　　k_1、k_2——通过煤样瓦斯解吸量随时间变化的数据拟合得到的瓦斯解吸动力学特征参数；

　　　k_3——煤样颗粒形态等其他因素导致初期解吸不均匀修正系数；

　　　k_m——满足亨利吸附定律的无量纲常数；

　　　t——煤样解吸截止的时间，min。

该近似关系式，通过速率相似对比，从理论上表征了瓦斯解吸速率与瓦斯初始含量之间的关系，能够较好地解释瓦斯解吸速率随着瓦斯含量的增大而增大。对式（6-18）进行量纲分析，k_1 是解吸速率（$L^3/M/t$），k_2 表示速率衰变率（t^{-1}），其余部分为无量纲参数，两者相除最后得到瓦斯含量的量纲（L^3/M），说明了公式相互关系的正确性。

从整个煤屑瓦斯解吸扩散规律数学物理模型推导过程中可以看出，瓦斯初期解吸扩散速率的大小与煤屑外在诸多因素相关（扩散系数大小、坐标系选择、煤屑颗粒半径、解吸时间、颗粒外瓦斯浓度等），如图6-2所示；主要反映煤屑颗粒粒度大小、粒状形态、环境温度、暴露时间、颗粒外瓦斯浓度等因素。

一般情况下，瓦斯解吸扩散沿程阻力随着煤屑颗粒的增大不断增加，煤屑的粒度越小，瓦斯初期解吸速率越大。煤屑颗粒形状的不同会导致瓦斯解吸扩散数学物理模型求解过程中所用坐标的差异，从而影响整个解吸扩散方程解的形式，从另一方面也说明了煤屑颗粒形态会对瓦斯解吸扩散规律产生影响。环境温度的变化改变了瓦斯气体分子的随机运动速率，从而对瓦斯气体解吸扩散系数大小产生影响。取样过程中暴露时间的取时准确性与解吸曲线数据选择有关。随着解吸的进行，煤屑颗粒外瓦斯浓度不断增高，煤屑径向扩散浓度梯度降低，解吸速率降低。为了研究分析瓦斯含量与瓦斯解吸规律的一一对应关系，需定量分析非瓦斯含量影响因素作用机理。

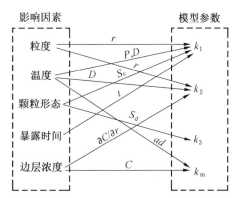

图6-2　瓦斯含量关系模型与影响因素的相互关系

图 6-2 所示为瓦斯含量关系模型与影响因素的相互关系。r 代表煤屑颗粒粒度；t 代表解吸时间；$\partial C/\partial r$ 代表着浓度梯度；P 表示测量过程中的压力值；D 为有效扩散系数；C 表示孔隙中瓦斯气体浓度；S_e 表示同质量的煤样不同形状的颗粒所造成的外表面积；S_d 表示有效扩散形状受到煤屑颗粒形状的影响而导致的所选扩散坐标系的不同；ad 表示煤屑的吸附性。针对具体的煤层和特定的取样工艺，可人为选择并修正的影响因素有煤样质量、煤样粒径和解吸规律的测定时间，其他因素均为煤样的自然属性，不可人为改变。

二、模型简化与方法建立

在尽量降低外界因素的影响下，对不能通过模型直接进行修正或是模型在创建时因简化而忽略的因素，通过对比回归的方式进行进一步的修正，如煤样粒形的影响、环境温度的影响等。对瓦斯含量快速测定理论模型进行优化，得到针对具体煤层的瓦斯含量快速测定模型［式 (7-40)］，其中 k 是以 k_1、k_2 为子变量的函数，a、b 为回归系数：

$$q_i = \frac{k_1 \left\{ \pi^2 \left[\dfrac{k_m V_p}{V_{total}} + 1 \right] + 6 \dfrac{k_m V_p}{V_{total}} \left[1 - \exp(-k_2 t) \right] \right\}^2}{6 k_2 \pi^2 \left(\dfrac{k_m V_p}{V_{total}} + 1 \right)} \approx C_1 k + C_2 \quad (6-9)$$

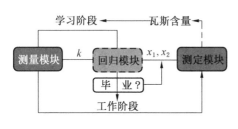

图 6-3 瓦斯含量快速测定流程图

从模型中可以看出，该模型是先通过测定煤屑的瓦斯解吸规律，然后通过瓦斯解吸规律提取出表征在该时间段解吸动力学特征的参数，并建立特征参数与瓦斯含量之间的关系，在以后的测定过程中可直接实现对目标煤层的瓦斯含量快速测定，具体工作流程如图 6-3 所示，主要分为学习阶段和工作阶段。

（1）学习阶段。该阶段主要是以特定煤层为考察对象，通过测量模块对待测煤层的煤样瓦斯解吸动力学特征参数进行现场考核，并利用其他方法测定该采样点的瓦斯含量。然后根据两者之间的关系，通过回归模块计算出测定模块中瓦斯含量，快速测定模型的相关系数，并通过拟合相关度进行对比，判断该回归模型是否满足瓦斯含量测定的需要。

（2）工作阶段。在学习阶段，如果回归系数满足要求，则进入工作阶段，该阶段主要是针对这一煤层学习阶段的地质单元进行，通过测量模块测量煤屑瓦斯解吸数据，测定模块对瓦斯含量进行直接计算测定。

三、瓦斯含量间接快速测定模型实验室验证

为验证式（6-9）中 q_i 与 k 两者之间是否满足线性关系，进一步验证瓦斯含量快速测定适用性，选定新疆焦煤集团 1890 矿井和寺河矿 1～3 mm 煤样，利用 PCTPro 高压吸附解吸装置在不同温度（20 ℃、25 ℃、30 ℃、35 ℃、40 ℃）及不同压力条件（1 MPa、2 MPa、3 MPa、4 MPa、5 MPa）下进行实验。等温吸附平衡后，平衡条件下的煤屑瓦斯吸附量即为煤层的瓦斯含量，对该煤样进行解吸实验，暴露时间为 2 min，解吸量记录时间为 5 min，实验结果如图 6-4 所示。

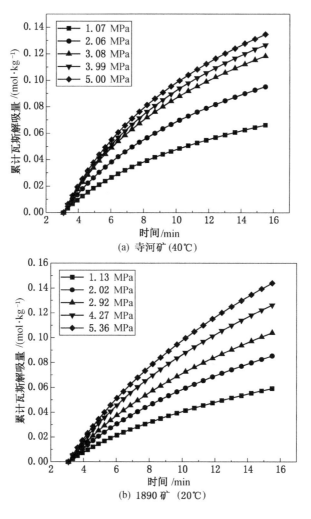

图 6-4　不同矿井煤屑瓦斯解吸扩散规律

　　将瓦斯解吸数据转化为标准状态下的解吸数据，并计算得到 k。k 与 q_i 的散点图如图 6-5 所示，从图中可以看出相同温度时瓦斯解吸参数与瓦斯吸附量之间基本呈线性关系。为了在学习阶段提高模型的精确度，应测定不同含量下的解吸规律进行分析。

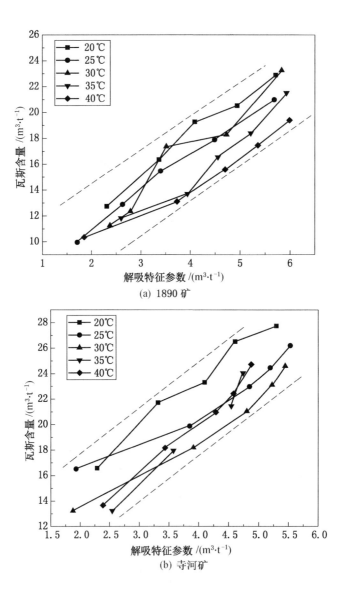

图 6-5　瓦斯含量与解吸特征参数线性关系

第二节　间接快速测定技术参数确定

一、煤样质量确定

在井下现场煤层钻进得到的钻屑，其粒度往往与煤层物理力学性质、钻进工况、煤层应力条件及钻头钻齿尺寸等因素有关，粒度分布具有一定的随机性，虽然在实际测定过程中，往往利用样品筛筛选得到一定粒度范围内的煤样，但是在该粒度范围内的，平均粒度也随着煤样质量的不同而不同，本章节通过对煤屑粒度进行扫描统计，实验研究粒度分布规律与煤样质量之间的相关关系，得到稳定平均粒度与煤样质量的范围。

1. 煤样粒度分布特征与质量关系的实验研究

对于煤屑粒度统计分布，应用紫光 A688 扫描仪对其粒度进行扫描，并利用 MATLAB 软件的图像识别以及统计函数进行粒度统计。随机抽取重庆煤科院瓦斯参数测定制样室的两个煤样作为统计样本，利用标准筛，筛分出 1 ~ 3 mm 的煤屑 300 g，将筛分的煤样进行扫描，并通过 MATLAB 软件的数字图像识别及其处理方法对煤样粒度进行统计分析，具体实验步骤如下：

（1）分别称取标准筛筛分好的煤样 5 g、10 g、15 g、20 g、25 g 多份并标注采样地点和煤样质量。

（2）为防止煤样污染或刮花扫描仪屏幕，将保鲜膜平铺于仪器屏幕上，并将称取的煤样逐粒平摊于扫描仪的保鲜膜上并放置直径为 4 mm 圆形不透明物体作为参考物，设置 600 dpi 的分辨率对煤样进行扫描，如图 6 - 6 所示。

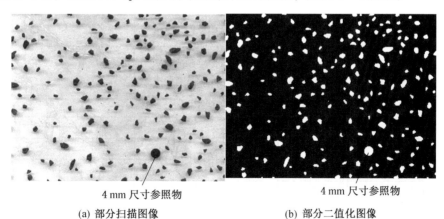

4 mm 尺寸参照物　　　　　　　　4 mm 尺寸参照物

(a) 部分扫描图像　　　　　　　　(b) 部分二值化图像

图 6 - 6　粒度扫描图

（3）利用 MATLAB 软件对图像进行二值化数字处理，提取每个煤屑颗粒的像素数据，并根据参考物的像素数据，以圆形为基本图形等效计算得到每个煤屑颗粒的粒度数据，并进行数据分析。

2. 煤样质量选取分析

将按上述实验方法得到的煤样等效粒度数据值，以 0.2 mm 为间隔划分区间，并统计不同粒径区间不同质量煤样对应的颗粒数，详见表 6－1、表 6－2。图 6－7 所示为粒度分布曲线，横坐标表示粒度区间中值，不同粒度区间颗粒粒度出现频数的占比为纵坐标，利用 MATLAB 软件的作图函数得到煤屑颗粒粒径的统计分布。从图 6－7 可以看出，煤屑粒度分布规律大致呈现为一种偏态分布，当质量大于 15 g 时煤样的分布规律性更加明显。

表 6－1　深凹煤矿区间粒度情况

粒度区间/mm	不同质量煤样的颗粒数				
	5 g	10 g	15 g	20 g	25 g
[1, 1.2)	35	178	198	390	614
[1.2, 1.4)	158	605	794	1201	1487
[1.4, 1.6)	214	639	1051	1435	1576
[1.6, 1.8)	203	410	794	1143	1434
[1.8, 2.0)	187	340	570	813	1138
[2.0, 2.2)	155	284	416	645	873
[2.2, 2.4)	165	190	334	505	682
[2.4, 2.6)	120	139	227	342	490
[2.6, 2.8)	72	81	120	187	199
[2.8, 3.0]	32	49	60	109	82

表 6－2　河兴煤矿区间粒度情况

粒度区间/mm	不同质量煤样的颗粒数				
	5 g	10 g	15 g	20 g	25 g
[1, 1.2)	34	94	197	257	467
[1.2, 1.4)	105	290	741	926	1521
[1.4, 1.6)	171	478	1008	1315	1847
[1.6, 1.8)	215	423	806	1014	1509
[1.8, 2.0)	216	389	599	772	1161

表 6-2（续）

粒度区间/mm	不同质量煤样的颗粒数				
	5 g	10 g	15 g	20 g	25 g
[2.0，2.2)	189	348	450	609	850
[2.2，2.4)	135	271	304	440	584
[2.4，2.6)	111	238	218	345	390
[2.6，2.8)	55	115	103	163	193
[2.8，3.0]	29	57	57	85	87

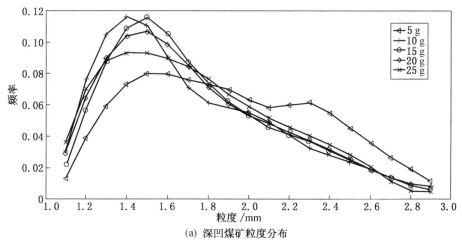

(a) 深凹煤矿粒度分布

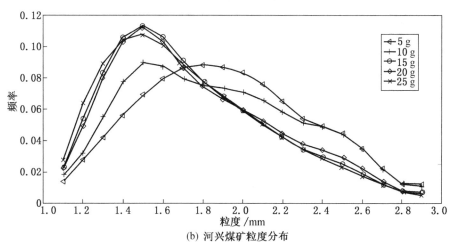

(b) 河兴煤矿粒度分布

图 6-7　粒度分布曲线

　　在处理数据时，首先对粒径的统计数据进行对数处理，然后再将数据进行威布尔分布检验和求解，定义对数威布尔分布的概率分布函数为

$$f(x;\eta,m) = \frac{m}{x\eta}\left(\frac{\ln x}{\eta}\right)^{m-1} \exp\left[-(\ln x/\eta)^m\right] \qquad (6-10)$$

　　其中，η 和 m 分别是变量对数的比例参数和形状参数。

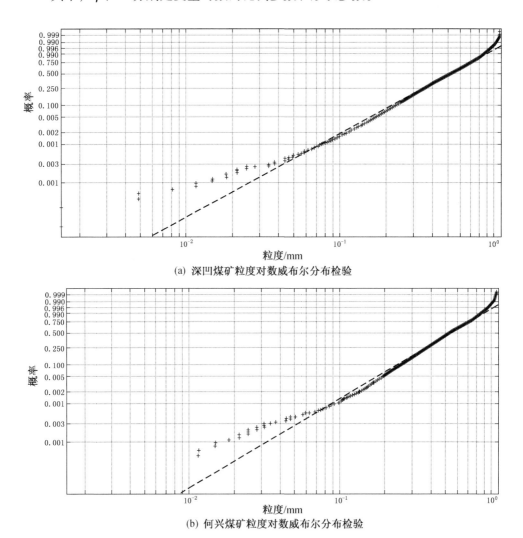

(a) 深凹煤矿粒度对数威布尔分布检验

(b) 何兴煤矿粒度对数威布尔分布检验

图 6-8　对数威布尔分布检验

将等效粒度数据进行对数处理后，再运用 MATLAB 软件中的统计绘图函数（wblplot）进行威布尔分布检验，来判定煤样等效粒度数据的分布规律。其检验的方法为：如果一组数据服从威布尔分布，则统计绘图为直线形态；如果不是威布尔分布，则为曲线形态。

从图 6-8 中可以看出，1~3 mm 的煤屑粒度经过对数处理后服从威布尔分布，因此，选用威布尔分布模型对 1~3 mm 煤屑颗粒粒度的对数分布情况进行统计分析。通过对威布尔分布参数估计方法的比较，针对本书煤样粒度的大样本量的数据情况，选用矩估计法和经验方法对威布尔分布的相关参数进行求解，得到不同质量煤样粒度统计数据的期望值和方差值以及威布尔分布的对数变量比例参数 η 和形状参数 m，见表 6-3。

表 6-3　粒 度 分 布 特 征 值

粒度特征值	深凹煤矿煤粒粒度分布参数					何兴煤矿煤粒粒度分布参数				
	5 g	10 g	15 g	20 g	25 g	5 g	10 g	15 g	20 g	25 g
m	2.8071	2.2836	2.5045	2.3839	2.3680	3.0566	2.7718	2.5521	2.5454	2.4610
η	0.6932	0.5810	0.5980	0.5966	0.5969	0.7033	0.6773	0.5995	0.6128	0.5892
$E(X)$	1.9082	1.7233	1.7454	1.7464	1.7475	1.9233	1.8795	1.7468	1.7697	1.7315
$Var(X)$	0.2228	0.1938	0.1731	0.1917	0.1950	0.1965	0.2113	0.1675	0.1811	0.1713

通过表 6-3 中煤屑颗粒粒度期望值对比分析发现，1~3 mm 煤样的质量在 15 g 以上时，统计粒度稳定在 1.75 mm 左右，并且对数变量比例参数 η 和形状参数 m 的大小也趋于稳定。从统计角度看，测量粒径范围为 1~3 mm 煤屑瓦斯解吸时，选取煤样质量在 15 g 以上时得到的测量结果更具代表性，考虑压力测定范围，确定煤样的质量为 20 g。

二、时间因素对瓦斯含量快速测定的影响

瓦斯含量快速测定模型是基于扩散理论建立的解吸动力学特征参数与瓦斯含量的函数模型。解吸动力学特征参数是根据累计瓦斯解吸量随时间的变化计算得到的。随解吸时间的延长，解吸速度变慢，必定存在一个合理的测定时间，既可计算解吸动力学特征参数，又可高效快速地测定瓦斯含量。必然存在煤样解吸开始时间（初始暴露时刻）的准确计时问题，即取样时的煤样剥落开始暴露时间问题。因此本章节对测定时长、暴露时间精确计时对瓦斯含量测定的影响和暴露时间准确计时问题进行研究。

1. 瓦斯含量快速测定时长分析

瓦斯解吸的初始解吸时间普遍认为是从煤体剥落开始，由取样工艺决定。瓦斯解吸的结束时间目前仍然无法确定，有日本学者研究发现直径 5 cm 的煤样在实验室放置 5 年后内部仍残存有瓦斯，且还在缓慢扩散解吸。根据用途不同，测定解吸规律时间段也有所不同，如井下瓦斯含量直接测定方法一般只测 30 min，而地勘法需要测量 120 min；煤屑瓦斯解吸时间与煤屑中的瓦斯含量、煤屑粒度、孔隙结构等因素有关，同一种煤样，其解吸时间会随着粒度的增大而变长。由于瓦斯含量间接快速测定模型是根据煤屑瓦斯解吸动力学特征与瓦斯含量之间的关系推导得到，因此需对最能体现瓦斯含量动力学特征的瓦斯解吸段进行考察。本书第 6.1.1 节中确定含量快速测定中选取的煤样粒度为 1~3 mm 的煤样，所以按第 6.1.1 节的实验方法进行了不同平衡压力的吸附解吸实验，实验结果如图 6-9 所示。

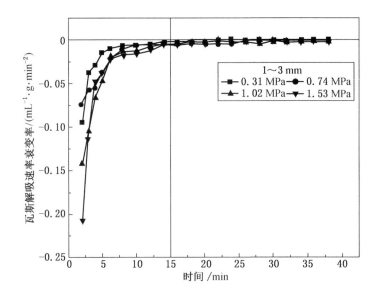

图 6-9　不同压力的瓦斯解吸速率衰变率图

从图 6-9 中可以看出，煤屑瓦斯初期的解吸速率动力特征主要表现在从暴露到 15 min 的这一解吸时间段。考虑到煤样筛分、装入测定系统等所需要的时间一般在 2~3 min 内，因此选择的瓦斯含量间接快速测定的测量时间段是煤样暴露后 12 min 的数据。为了进一步确定时间，选取了淮南、淮北、晋城、阳泉等 12 个煤样进行了吸附解吸实验，实验结论与图 6-9 类似。因此确定瓦斯含量快速测定的时间为暴露后 15 min 以内，测定时间为 12 min，暴露时间不宜大于 2 min。

2. 瓦斯含量快速测定暴露时间精准度分析

瓦斯含量快速测定模型与初期煤屑瓦斯解吸规律中的动力学特征关系密切，瓦斯含量的测定结果大小主要受到初期瓦斯解吸规律的影响，因此正确确定煤屑瓦斯解吸时间段的区间显得尤为重要。在实验室测定瓦斯解吸规律的过程中，基本上不涉及暴露时间准确度对瓦斯解吸规律的影响，但是煤矿井下测定煤层瓦斯含量时，由于采用取样方法的不同，暴露时间及准确计量也有所不同，因此有必要对取样过程中煤屑暴露的时间计时误差，对瓦斯含量间接快速测定结果的影响进行讨论。本章节以特定瓦斯解吸规律数据曲线与拟合模型为准，人为造成解吸规律数据的时间偏差（偏差 −60 s、−30 s、30 s、60 s），如图 6 −10 所示，对各个数据分别进行计算，分别对比暴露时间偏差解吸规律数据对瓦斯含量快速测定模型的影响，如图 6 −11 所示。

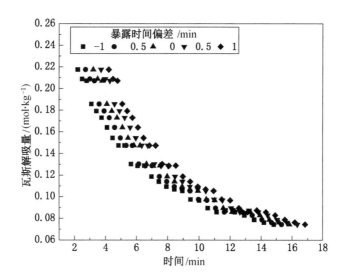

图 6 −10　暴露时间偏差对瓦斯解吸规律的影响

由图 6 −11 可以看出，解吸特征参数值及瓦斯含量测定值都随着误差时间正向偏移，暴露时间误差越大，快速测定的瓦斯含量误差值也就越大，当煤样暴露时间偏小时，其测定的瓦斯含量值也偏小，当暴露时间的误差偏大时，其误差值也偏大。研究表明：当煤屑的暴露时间计时误差为 0.77 min 时，损失瓦斯含量推算值相差超过 10%。煤样暴露时间精确与否对利用瓦斯初期规律数据计算瓦

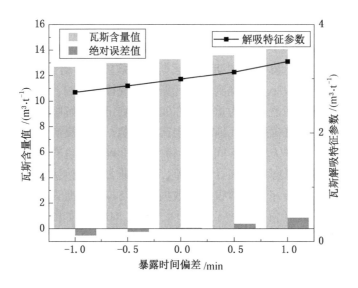

图 6-11　暴露时间偏差造成瓦斯含量误差

斯含量及推算损失瓦斯量有着重要的影响。

目前的取样方法中，孔口接钻屑的方法虽然能满足暴露时长的需要，但是无法准确确定煤样暴露时间，更不能确定煤样中是否掺杂着来自煤层孔壁的煤屑而保证煤样的纯洁性。岩心管取样不存在混样的问题，但取样时间过长，不能满足瓦斯含量快速测定模型对暴露时间的需要。综合以上分析，为了保证取样时间的准确性及满足取样时间较短的要求，需要可以定点快速取样的技术。

三、试验取样过程中正压风流对瓦斯解吸的影响

取样时煤样从煤层剥落后进入取样装置，在高速风流的作用下快速输送到孔口。在取样过程中煤样处在正压的环境，同时会受到风流速度、气体膨胀等因素的影响，与瓦斯含量快速测定实验室实验的解吸环境不同。

为此需考察在取样过程中 SDQ 内管风流对煤屑瓦斯解吸规律的影响。模拟井下取样过程钻杆中风流对含瓦斯煤的吹扫作用是否会对瓦斯解吸产生影响的具体步骤如下：

（1）将演马庄煤矿 1~3 mm 煤样以不同形式包裹（铜网、锡箔纸）置于 PCTPro - evo 仪器中的同一个煤样池室温下达到吸附压力为 1 MPa 下的平衡。

（2）将风管与通风压缩机及多阀门开关、流量计校准链接，并调节阀门使其风流流量达到 5.66 m³/min，测定所用流量计如图 6 – 12 所示。

图 6 – 12 流量计

（3）将吸附平衡的铜网煤样放置在风流中吹扫 10 s，两者同样暴露 1 min 后，开始解吸，将在风流中暴露和正常暴露在大气压中的煤样分别置于煤样杯中，利用排水法测定瓦斯解吸规律，实验过程如图 6 – 13 所示，测试结果如图 6 – 14a 所示。

图 6 – 13 实验过程

（4）在风流中吹扫 20 s，两者同样暴露 2 min 后开始瓦斯解吸测定，测量的结果如图 6 – 14b 所示。

从图 6 – 14 可以看出，正压对瓦斯解吸有抑制作用，煤样在正压环境所处的时间越长抑制作用越明显，但两者瓦斯解吸规律基本相一致。经数据处理处在风流正压环境 10 s 和 20 s 两种环境所计算出来的瓦斯解吸特征参数相差最大不足

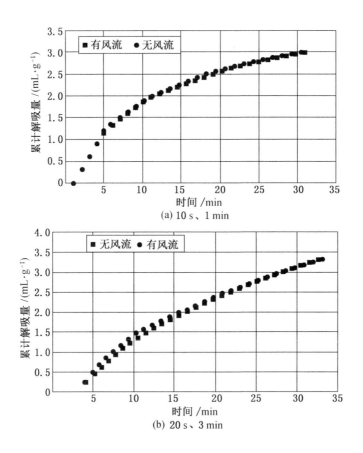

图 6-14　煤样瓦斯解吸规律对比（有风流 vs 无风流）

0.2%，计算出的瓦斯含量最大误差不足 0.5%。为此取样过程中的风流对煤样瓦斯解吸规律产生影响可以忽略不计，保证了利用压风定点取样的方法对瓦斯含量测定结果基本不产生影响。

第三节　瓦斯含量快速测定仪器

一、CWY50 瓦斯含量快速测定仪

鉴于气体流量传感器反应速度和测定精度的问题，瓦斯解吸规律采用等容变压，测定煤样在特定体积中的瓦斯解吸产生的压力，进而计算瓦斯解吸量的方法

测定。测定仪器采用本安设计，通过了防爆检验并取得了煤矿矿用产品安全标志。从定点采的煤屑中筛分出所需煤样，并及时装入煤样罐中密闭，随着时间的推移，解吸出瓦斯，测定仪的压力传感器将压力信号转化成电信号，通过信号调理器件，放大处理进入模数转换器，然后进入单片机，单片机根据一定采样时间的数据和用户输入的计算参数，计算出吨煤瓦斯含量，显示并存储到存储器中，供查询打印。仪器性能参数见表6-4，具体包括主机、打印机、秒表、硅胶管等，如图6-15所示。

表6-4　瓦斯含量快速测定仪主要技术参数

压力测量范围/kPa	测量误差/Pa	额定工作电流/mA	温度/℃	相对湿度/%
0~50	±750	≤140	-40~60	≤95

图6-15　瓦斯含量快速测定仪

煤层瓦斯含量快速测定仪器的使用分为学习阶段和应用阶段，具体测定步骤如图6-16所示。

为了验证煤中瓦斯含量测定仪的应用效果，先选取汝箕沟煤矿煤样，设定其温度为25℃、40℃，瓦斯气体吸附平衡压力为1 MPa、2 MPa、3 MPa、4 MPa、5 MPa，然后进行等温吸附解吸，并利用快速测定仪测定其解吸规律，如图6-17所示，并采用快速测定模型的方法验证解吸特征参数与瓦斯含量吸附值是否符合线性关系，如图6-18所示。由图6-17和图6-18可以看出，瓦斯含量快速测定仪可以较好地测定瓦斯解吸数据，瓦斯含量和解吸特征参数线性度较好，与理论和实验研究结果吻合。

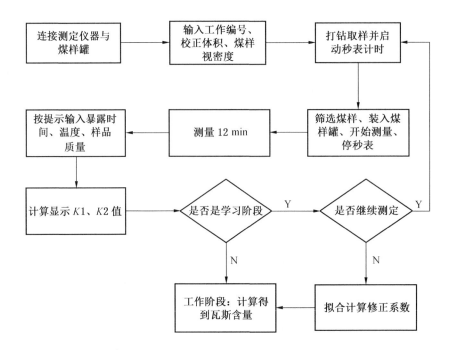

图 6-16　瓦斯含量快速测定步骤

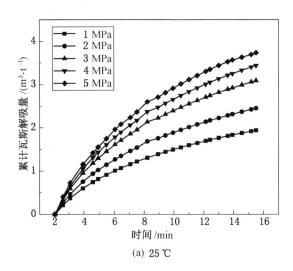

(a) 25 ℃

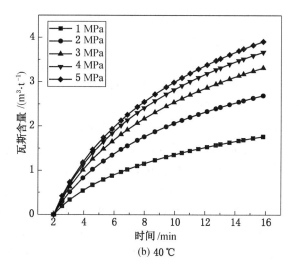

(b) 40℃

图 6-17　瓦斯解吸规律（不同温度、不同压力）

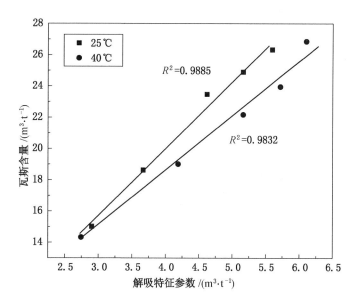

图 6-18　瓦斯含量与解吸特征值线性关系验证

二、井下温度对测定仪解吸量测量的影响与消除方法

温度对煤屑瓦斯解吸量测定的影响主要是因温度变化改变了气体分子的运动状态：一方面，温度变化对瓦斯自由气体压力测量有影响；另一方面，当瓦斯赋存于煤屑孔裂隙中时，改变了煤屑瓦斯的解吸扩散速率。通过以上分析，煤层与巷道温度的差异、煤屑瓦斯解吸吸热等因素造成的测定系统温度变化较小，可以通过优化井下测定样品池来减弱整个测定系统温度变化的影响。

为了保持罐内气体温度恒定，需要加快罐内气体与巷道空气的热交换，利用热传导性能较好的黄铜材料加工成煤样罐。为了验证单层铜煤样罐的可行性，先将煤样罐置于空气中测定解吸气及罐体压力，解吸压力同样出现了先升高后降低的现象（图6-19），与井下的实验解吸曲线类似，说明了煤样罐外壁与空气的热传导速率小于煤屑瓦斯解吸吸热速率。在测量过程中，将煤样罐放置于恒温水浴中，出现了压力值回升的现象（图6-19），说明了水与煤样罐外壁传热速率大于解吸吸热速率。

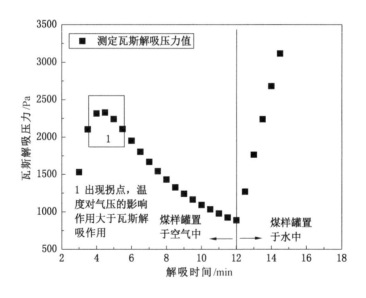

图6-19　瓦斯解吸实验过程

但是在井下现场测试瓦斯解吸的过程中，因需要将煤样罐置于水中较为烦琐，考虑将煤样罐体设计为双层，水封存于煤样罐中，形成一种包含内腔体、环形腔体、盖体及通气接嘴的新恒温煤样罐。为了定量分析所需封存的水量，需要

对煤样解吸热量进行计算。

煤中瓦斯吸附解吸是一个可逆的物理过程，因此我们认为吸附热与解吸热也是相同的。假设煤样罐为一个孤立的系统，将煤样瓦斯解吸过程视为热源，整体温度发生变化并与外界不发生热交换，通过计算瓦斯解吸吸热量大小推算出罐体中所需充填的水量，具体的计算步骤如下：

（1）测定不同温度下煤样的比热容值并拟合与温度的函数关系式，通过此关系式计算井下巷道温度对应的煤比热容值，并查询甲烷气体、所选用材料及充填材料的比热容值。

（2）测定单位质量煤样解吸每摩尔甲烷气体所吸收的热量，计算出井下瓦斯一定解吸量所需要吸收的热量。

（3）设定允许的最大温度变化值，计算出要充填材料体积，根据该体积确定环形空间腔体，并根据测试确定内腔测试空间体积。

（4）在满足煤样罐使用功能的基础上，设计出由瓦斯解吸所需的空间体积、内腔体容积、壁厚等煤样罐的结构尺寸，计算出煤样罐各种材料的质量。

首先，利用 PCTPro - evo 气体吸附测量仪及 C80 量热仪分别对煤样吸附热及比热容进行测定，结果如图 6 - 20 和图 6 - 21 所示。

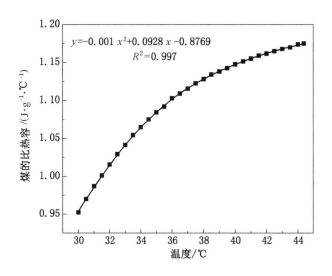

图 6 - 20　煤样比热容与温度的关系

由图 6 - 20、图 6 - 21 可以看出，煤样比热容随着温度的升高而增大，其增大的幅度随着温度升高有所降低，煤吸附每摩尔甲烷而释放的热量随着吸附量的

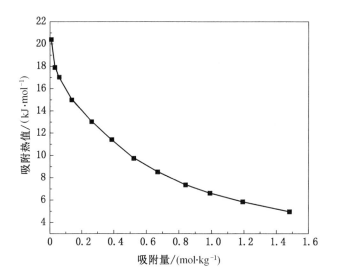

图 6 - 21　煤吸附甲烷热量变化

增加而减小。

根据温度与煤样比热容之间的关系（图 6 - 20），拟合出温度与煤样比热容变化规律公式，通过计算得到在 14 ℃煤样的比热容为 0.2067 J/(g·℃)。

$$y = -0.0011x^2 + 0.0928x - 0.8769 \qquad (6-11)$$

式中　　y——煤样的比热容，J/(g·℃)；

　　　　x——温度，℃。

同理得出每摩尔吸附热与吸附量之间的关系式：

$$Q = 4.6586 + 14.6612\exp(-2.09004q) \qquad (6-12)$$

式中　　q——气体吸附量，mol/g；

　　　　Q——每摩尔吸收的热量，J/(mol·g)。

煤样采取区域煤层直接测定瓦斯含量一般为 5 ~ 14 m³/t，取井下测定解吸瓦斯含量为 0.2 mol/kg（4.48 m³/t），通过对式（6 - 12）积分计算得到热量 Q_{ca} = 3.3283 kJ/kg，则 30 g 煤总共放出的热量为 99.849 J。

在整个解吸测量过程中，煤样罐内煤样杯材质是黄铜，不锈钢内胆，内胆为壁厚 2 mm 的圆柱桶，规格为 ϕ54 mm × 120 mm；并以空气、甲烷气体、水、煤、煤样杯等为研究对象，其比热容参数见表 6 - 5。

通过式（6 - 13）计算出煤解吸热对温度每降低 0.1 ℃所需水的质量，在计算过程中忽略罐体外壁与巷道空气之间的热交换。

表6-5 不同物质比热容与质量

物 质 名 称	铜	甲烷气体	空气	不锈钢	煤	水
比热容/($J \cdot g^{-1} \cdot ℃^{-1}$)	0.371	2.1	1	0.46	0.2067	4.2
质量/g	87	0.24	0.028	118.34	30	—

注：表中水的质量为要计算所求的质量。

$$\sum C_i M_i = 0 \tag{6-13}$$

式中 C_i——各种物质的比热容，$J/(g \cdot ℃)$；

M_i——表6-5中各个物质的质量，g。

从式（6-13）中也可以看出水的质量越大，同等解吸热造成的气体温度变化越小，因此考虑设计富余系数及加工的方便性，确定水质量为300 g。

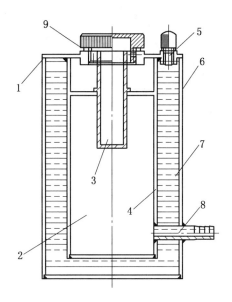

1—煤样罐；2—内腔体；3—煤样杯；4—内壁；5—充填口；6—外壁；

7—充填物质；8—气嘴；9—盖帽

图6-22 设计和研制的煤样罐

根据计算的水量，设计环形空间腔体为300 mL，设计的内腔体规格为54 mm×120 mm，考虑加工及结构强度，则外壁结构参数为 ϕ84 mm×132 mm，设计加工形成了煤样罐，如图6-22所示。

为了验证设计的煤样罐在测定分析煤样瓦斯解吸规律时是可行的，等温吸附不同压力的煤样并达到平衡，取出煤样放置于罐中，测量其瓦斯解吸量（图6-23），从图6-23中可以看出，赵庄矿煤样瓦斯解吸压力是随着时间的进行不断增大，测试的瓦斯解吸规律也符合一般解吸规律。因此，采用双壁灌水的煤样罐可纠正温度对煤屑瓦斯解吸扩散稳定性的影响。

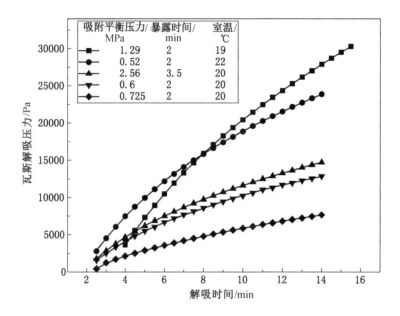

图6-23　煤样瓦斯解吸压力实验测试

第七章　现场实验与总结

第一节　瓦斯含量测定技术现场实验

一、实验地点概况

现场实验地点选择水城矿业集团大湾煤矿西井。该矿井位于贵州西北部六盘水市钟山区大湾镇和威宁县东风镇境内，准采标高为 +1900 ~ +1760 m，设计生产能力为 0.9 Mt/a，采用斜井开拓，设计服务年限为 29 年，为煤与瓦斯突出矿井。根据矿井地质情况，实验地点为 X11101 工作面运输巷距离终采线 100 m 范围，如图 7 - 1 所示。X11101 工作面走向长 382 ~ 372 m，倾向长 152 m。11 号煤层鉴定时测点的瓦斯压力为 3.60 MPa，瓦斯含量为 11.7499 m^3/t。

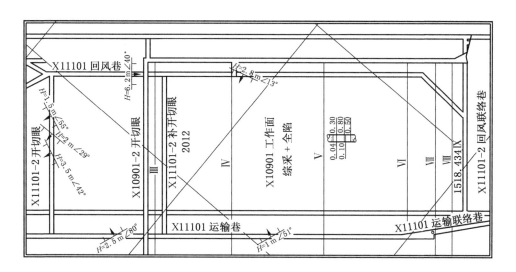

图 7 - 1　实验地点工作面示意图

二、测定步骤

实验采用 ZYW2000 型钻机打钻、SDQ-63 深孔定点取样装置定点取样，DGC 型瓦斯含量直接测定装置和 CYW50 瓦斯含量快速测定仪同时测定瓦斯含量并记录巷道温度等环境参数。具体测定步骤如下：

（1）取样。利用 ZYW2000 型钻机和 SDQ-63 深孔定点快速取样装置在工作面不同深度定点取样。

（2）测定。

① 学习阶段。取出的煤样筛分后分成两份，一份利用 DGC 型煤层瓦斯含量直接测定装置测定（具体测定步骤见产品说明书），另一份采用 CWY50 瓦斯含量快速测定仪测定。CWY50 瓦斯含量快速测定仪测定步骤为筛分→装样→测定。测定多组数据后将 DGC 型瓦斯含量直接测定装置测定的含量作为目标值进行回归分析，得到回归系数 C_1、C_2。

② 应用阶段。将回归系数 C_1、C_2 写入 CWY50 瓦斯含量快速测定仪，重复以上测定步骤进行测定。

（3）不同方法测定。将在同一测点分别用 DGC 测定的含量和 CWY50 应用阶段测定的含量进行对比分析。

三、现场实验及数据分析

现场测定时学习阶段分别测定瓦斯含量和瓦斯解吸数据 13 组（解吸数据如图 7-2 所示）。定点取样参数见表 7-1。依据瓦斯含量快速测定模型基于巷道温度、解吸数据等计算的 k 和 DGC 瓦斯含量直接测定装置测定的含量 q 见表 7-2。

表 7-1 大湾煤矿西井煤层深孔定点取样参数表

编号	钻孔类型	取 样 地 点		方位/(°)	倾角/(°)	取样时间/min	煤样质量/kg	取样深度/m
11-1	上行孔	大湾煤矿西井 X11101 工作面运输巷距终采线	70 m 处	0	4	2	1.5	62
11-2	上行孔		60 m 处	0	5	3	1.8	56
11-3	上行孔		55 m 处	0	5	4	1.6	63
11-4	上行孔		50 m 处	0	6	2	1.4	64
11-5	上行孔		45 m 处	0	5	2	2.1	53
11-6	上行孔		40 m 处	0	6	1.5	2	61
11-7	上行孔		25 m 处	0	4	2	1.8	87
11-8	上行孔		20 m 处	0	4	3	2.2	60
11-9	上行孔		15 m 处	0	4	3	1.9	48

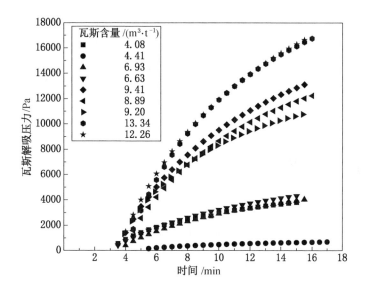

图7-2　不同瓦斯含量的解吸压力

表7-2　解吸动力学特征参数K值与瓦斯含量q（DGC测定）

K	0.36	0.09	0.13	0.06	0.10	0.08	0.47	0.51	1.57	1.22	1.04	2.20	2.03
q	4.08	3.52	3.93	3.51	3.18	4.41	6.93	6.63	9.41	8.89	9.20	13.34	12.26

　　针对11号煤层测定解吸动力特征数据及瓦斯含量值，利用最小二乘法拟合得 $C_1 = 4.4003$、$C_2 = 3.5292$，相关性系数为95.13%，如图7-3所示。

　　为了验证该技术的可靠性，在该实验地点附近重复进行了四次实验，该解吸数据结果如图7-4所示。利用 $q = 4.4003K + 3.5292$ 计算出的瓦斯含量与DGC测定的瓦斯含量如图7-5所示。由图7-5可以看出 CWY50 测出的瓦斯含量与 DGC 测出的瓦斯含量最大绝对误差为 0.32 m³/t，最大相对误差为5.84%。

　　综上所述，在使用 SDQ 深孔定点取样装置准确确定煤样暴露时间的前提下，瓦斯含量快速测定技术与瓦斯含量直接测定技术均可较准确地测定瓦斯含量，精度满足工业应用的需要。从现场实验测定数分析，针对具体煤层，瓦斯含量快速测定模型相关性和置信度均大于95%。

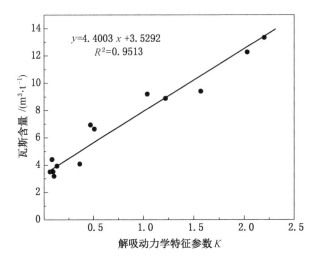

图 7-3　瓦斯含量与解吸动力特征参数之间关系示意图

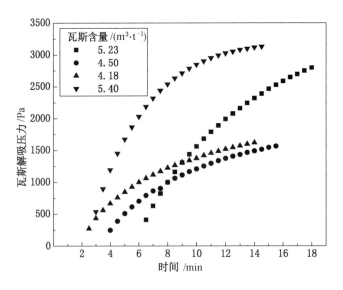

图 7-4　瓦斯解吸压力

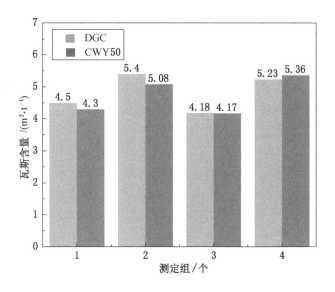

图 7-5　DGC 与 CWY50 测定瓦斯含量对比

第二节　瓦斯含量测定技术总结

　　本书所研究的煤矿井下本煤层反循环取样技术，主要应用于煤矿井下瓦斯含量测定取样环节，重点为煤矿井下煤层气开发及瓦斯治理，如煤层气储量评价、煤层的突出危险性预测、瓦斯防治效果检验等。该技术基于全空气反循环技术，对于干燥的煤层具有较好的适用性，但当煤层含水或钻屑潮湿时，往往发生钻头外喷孔及环形喷射器入口堵塞的情况，为此，研究适合高含水煤层反循环取样的钻头结构及取样工艺是下一步的重点研究方向。此外，本书的反循环取样实验装置是基于水平钻孔取样情况进行构建，未考虑上向或下向等较大角度钻孔的取样，因此，在后续研究中有待进一步完善实验室实验；同时，由于本书研究时间有限，在现场试验过程中，仅选取了个别代表性矿井，试验煤层未能多样化，因此，未能对采样环境及不同钻孔参数对反循环取样的适应性做进一步考察，在后续研究中有待进一步丰富试验矿井，开展上述研究。

　　对煤层瓦斯含量快速测定给出了新的方法，并初步形成了瓦斯含量快速测定的技术体系，但还未形成行业标准。一些理论分析也存在不足之处，未来应继续在以下方面继续展开研究：①构建更加接近实际的煤屑瓦斯解吸扩散模型。本书中通过扩散唯象理论的 fickle 定律对煤屑瓦斯解吸扩散行为进行分析，将其他影响对扩散的影响集中在扩散系数上，形式上忽略了现场一些因素的影响，如水分、灰分等。②粒形对煤屑瓦斯解吸扩散规律影响作用机制的进一步研究。从煤屑破碎剥离产生机制，建立通过煤的坚固性系数初步判断煤屑粒度粒形的判定标准；结合三种基本扩散类型，理论研究正四面体及无规则体煤屑瓦斯解吸扩散规律。③深入分析煤屑暴露过程中瓦斯解吸扩散规律。从微观层面模拟考察煤屑突然暴露过程中的瓦斯解吸扩散动力学特征，并与理论相对应进行进一步研究。

随着瓦斯区域化治理的推进，配合千米钻机进行瓦斯含量快速测定是目前急需解决的问题。千米钻机随钻取样，利用瓦斯解吸快速计算瓦斯含量将成为今后的研究方向。

参 考 文 献

[1] 袁亮. 煤炭精准开采科学构想 [J]. 煤炭学报, 2017, 42 (1)：1 - 7.

[2] 秦玉金. 地勘期间煤层瓦斯含量测定方法存在问题及对策分析 [J]. 煤矿安全, 2015, 42 (8)：144 - 146.

[3] 于良臣. 地质勘探过程中应用解吸法直接测定煤层瓦斯含量的实验研究 [R]. 抚顺：煤炭科学研究总院抚顺分院, 1981.

[4] 齐黎明. 卸压密闭煤层瓦斯含量测定技术研究 [D]. 北京：中国地质大学, 2011.

[5] 张丁亮. 煤矿井下煤层密闭取心装置 [J]. 中国煤炭地质, 2015 (7)：80 - 81, 87.

[6] YEE D, SEIDLE J P, HANSON W B. Gas sorption on coal and measurement of gas content [J]. Hydrocarbons from coal：AAPG Studies in Geology, 1993, 38：203 - 218.

[7] BERTARD C, BRUYET B, GUNTHER J. Determination of desorbable gas concentration of coal (direct method) [C]. Amsterdam：Elsevier, 1970：43 - 65.

[8] KISSELL F N, MCCULLOCH C M, ELDER C H. The direct method of determining methane content of coal beds for ventilation design [M]. UT：US Department of the Interior, Bureau of Mines, 1973.

[9] PLAIZIER R R, HUCKA V J. In situ determination of desorbable methane content by use of three decay functions [C]. Field Conference – Rocky Mountain Association of Geologists, 1991：77 - 86.

[10] DIAMOND W P, LEVINE J R. Direct method determination of the gas content of coal：procedures and results [R]. UT：U. s. bureau of Mines, 1981.

[11] TRW. Desorbed gas measurement system – design and application [R]. Morgantown, WV：Morgantown Energy Technology Center, 1981.

[12] SCHATZEL S J, HYMAN D M, SAINATO A, et al. Methane contents of oil shale from the Piceance Basin, CO [M]. UT：US Department of the Interior, Bureau of Mines, 1987.

[13] CHASE R W. A comparison of methods used for determining the natural gas content of coalbeds from exploratory cores [R]. Washington：US Dept. of Energy, 1979.

[14] SMITH D M, WILLIAMS F L. A new technique for determining the methane content of coal [C]. Albuquerque：Univ of NM, 1981.

[15] MAVOR M J, PRATT T J, BRITTON R N. Improved methodology for determining total gas content, Volume I. Canister gas desorption data summary [R]. Chicago：Gas Research Institute, 1994.

[16] MACLENNAN J D, SCHAFER P S, PRATT T J, et al. A guide to determining coalbed gas content [M]. UT：Gas Research Institute, 1995.

[17] MAVOR M J, PRATT T J, NELSON C R. Quantitative evaluation of coal seam gas content estimate accuracy [C]. Society of Petroleum Engineers, 1995.

[18] SAGHAFI A, WILLIAMS D J, ROBERTS D B. Determination of coal gas content by quick

crushing method [R]. Sydney：CSIRO, 1995.

[19] 王兆丰. 空气、水和泥浆介质中煤的瓦斯解吸规律与应用研究 [D]. 徐州：中国矿业大学, 2001.

[20] 张淑同. 井下瓦斯含量直接法测定关键技术研究 [J]. 采矿与安全工程学报, 2014, 31 (2)：328 – 332.

[21] 庞湘伟. 煤层气含量快速测定方法 [J]. 煤田地质与勘探, 2010, 38 (1)：29 – 32.

[22] 颜爱华. 煤层瓦斯含量多源数据分析及其预测研究 [D]. 北京：中国矿业大学, 2010.

[23] 郝天轩, 宋超. 基于模糊神经网络的煤层瓦斯含量预测研究 [J]. 中国安全科学学报, 2011, 21 (8)：36 – 42.

[24] 吴财芳, 曾勇. 基于遗传神经网络的瓦斯含量预测研究 [J]. 地学前缘, 2003, 10 (1)：219 – 224.

[25] 吴观茂, 黄明, 李刚. 基于 BP 神经网络的瓦斯含量预测 [J]. 煤田地质与勘探, 2008, 36 (1)：30 – 33.

[26] 叶青, 林柏泉. 灰色理论在煤层瓦斯含量预测中的应用 [J]. 矿业快报, 2006, 446 (7)：28 – 30.

[27] 李贵红, 泓张, 崔永君, 等. 基于多元逐步回归分析的煤储层含气量预测模型：以沁水盆地为例 [J]. 煤田地质与勘探, 2005, 33 (3)：22 – 25.

[28] 刘永涛, 李鹏, 王辉俊, 等. 智能煤层瓦斯含量快速预测系统 [J]. 煤田地质与勘探, 2013, 41 (3)：81 – 86.

[29] 潘和平, 刘国强. 依据密度测井资料评估煤层的含气量 [J]. 地球物理学进展, 1996, 11 (4)：53 – 64.

[30] 赵秋芳, 侯懿, 刘顺喜. 煤层波谱特征与瓦斯含量的实验研究 [J]. 河南理工大学学报 (自然科学版), 2008, 27 (6)：615 – 618.

[31] 杨昌光, 贾秀芝, 丁石滚. 用解析法测定煤层瓦斯含量时应注意的问题 [J]. 煤, 1994, 3 (6)：36 – 39.

[32] 宁德义, 唐本东, 刘云生, 等. 中国煤层气含量测定技术 [J]. 中国煤层气, 1996 (1)：34 – 36.

[33] 马合意. 井下煤层瓦斯含量快速测定方法研究 [D]. 河南：河南理工大学, 2010.

[34] 白三峰, 靳晓华, 顾北方. 新型瓦斯含量快速测定模型 [J]. 煤炭技术, 2014, 33 (8)：28 – 30.

[35] 仇海生, 张保泉. 利用煤钻屑瓦斯解吸指标法测定煤层瓦斯含量 [J]. 煤矿安全, 2007, 38 (7)：18 – 20.

[36] BLACK D, NAJ AZIZ, MATT JURAK, et al. Gas content estimation using initial desorption rate [C]. Aziz：university of Wollongong, 2009：193 – 198.

[37] 易俊. 声震法提高煤层气抽采率的机理及技术原理研究 [D]. 重庆：重庆大学, 2007.

[38] 聂百胜, 何学秋, 王恩元. 瓦斯气体在煤层中的扩散机理及模式 [J]. 中国安全科学学报, 2000, 10 (6)：24 – 28.

[39] 刘军, 王兆丰. 煤变质程度对瓦斯放散初速度的影响 [J]. 辽宁工程技术大学学报 (自然科学版), 2013, 32 (6): 745 - 748.

[40] 霍永忠. 煤储层的气体解吸特性研究 [J]. 天然气工业, 2004 (5): 24 - 26, 145.

[41] 许江, 袁梅, 李波波, 等. 煤的变质程度、孔隙特征与渗透率关系的实验研究 [J]. 岩石力学与工程学报, 2012, 31 (4): 681 - 687.

[42] 李景明, 刘飞, 王红岩, 等. 煤储集层解吸特征及其影响因素 [J]. 石油勘探与开发, 2008, 35 (1): 52 - 58.

[43] 陈振宏, 王一兵, 宋岩, 等. 不同煤阶煤层气吸附、解吸特征差异对比 [J]. 天然气工业, 2008, 28 (3): 30 - 32, 136.

[44] 张登峰, 崔永君, 李松庚, 等. 甲烷及二氧化碳在不同煤阶煤内部的吸附扩散行为 [J]. 煤炭学报, 2011, 36 (10): 1693 - 1698.

[45] 王峰, 王彬, 陈建忠. 平顶山矿区己组不同破坏程度煤的瓦斯放散动力实验研究 [J]. 中小企业管理与科技 (下旬刊), 2013 (7): 189 - 190.

[46] 侯锦秀. 煤结构与煤的瓦斯吸附放散特性 [D]. 河南: 河南理工大学, 2009.

[47] 温志辉. 构造煤瓦斯解吸规律的实验研究 [D]. 河南: 河南理工大学, 2008.

[48] 陈昌国, 辜敏, 鲜学福. 煤层甲烷吸附与解吸的研究与发展 [J]. 中国煤层气, 1998 (1): 27 - 29.

[49] 陈昌国, 鲜晓红, 杜云贵, 等. 煤吸附与解吸甲烷的动力学规律 [J]. 煤炭转化, 1996 (1): 68 - 71.

[50] 富向, 王魁军, 杨宏伟, 等. 煤粒瓦斯放散规律数学模型的应用 [J]. 煤矿安全, 2006, 37 (12): 1 - 3.

[51] 富向, 王魁军, 杨天鸿. 构造煤的瓦斯放散特征 [J]. 煤炭学报, 2008, 33 (7): 775 - 779.

[52] 杨其銮. 关于煤屑瓦斯放散规律的实验研究 [J]. 煤矿安全, 1987 (2): 9 - 16.

[53] 何满潮, 王春光, 李德建, 等. 单轴应力 - 温度作用下煤中吸附瓦斯解吸特征 [J]. 岩石力学与工程学报, 2010, 29 (5): 865 - 872.

[54] 马玉林. 低渗透煤层煤层气注热开采过程的数值模拟 [D]. 辽宁: 辽宁工程技术大学, 2008.

[55] 杨新乐. 低渗透煤层煤层气注热增产机理的研究 [D]. 辽宁: 辽宁工程技术大学, 2009.

[56] 王鹏刚. 不同温度下煤层气吸附/解吸特征的实验研究 [D]. 西安: 西安科技大学, 2010.

[57] 王兆丰, 康博, 岳高伟, 等. 低温环境无烟煤瓦斯解吸特性研究 [J]. 河南理工大学学报 (自然科学版), 2014, 33 (6): 705 - 709.

[58] 岳高伟, 王兆丰, 康博. 低温环境煤的瓦斯扩散系数时变特性 [J]. 中国安全科学学报, 2014, 24 (2): 107 - 112.

[59] 李志强, 段振伟, 景国勋. 不同温度下煤粒瓦斯扩散特性实验研究与数值模拟 [J]. 中国安全科学学报, 2012, 22 (4): 38 - 42.

[60] 简阔, 傅雪海, 张玉贵. 构造煤煤层气解吸阶段分析及最大瞬时解吸量计算 [J]. 煤炭科学技术, 2015, 43 (4): 57-62.

[61] 牛国庆, 颜爱华, 刘明举. 瓦斯吸附和解吸过程中温度变化实验研究 [J]. 辽宁工程技术大学学报, 2003, 22 (2): 155-157.

[62] 刘纪坤, 王翠霞. 含瓦斯煤解吸过程煤体温度场变化红外测量研究 [J]. 中国安全科学学报, 2013, 23 (9): 107-111.

[63] 刘纪坤, 王翠霞. 瓦斯解吸过程温度变化实验测量研究 [J]. 煤矿安全, 2013, 44 (11): 5-7, 11.

[64] 涂乙, 谢传礼, 李武广, 等. 煤层对 CO_2、CH_4 和 N_2 吸附/解吸规律研究 [J]. 煤炭科学技术, 2012, 40 (2): 70-72, 93.

[65] 杨涛. 煤体瓦斯吸附解吸过程温度变化实验研究及机理分析 [D]. 北京: 中国矿业大学, 2014.

[66] 牛国庆, 颜爱华, 刘明举. 煤吸附和解吸瓦斯过程中温度变化研究 [J]. 煤炭科学技术, 2003, 31 (4): 47-49.

[67] 马东民, 蔺亚兵, 张遂安. 煤层气升温解吸特征分析与应用 [J]. 中国煤层气, 2011, 8 (3): 11-15.

[68] 张凤婕, 吴宇, 茅献彪, 等. 煤层气注热开采的热-流-固耦合作用分析 [J]. 采矿与安全工程学报, 2012, 29 (4): 505-510.

[69] 任常在. 煤层气注热开采过程热-流-固耦合数学模型及数值模拟 [D]. 辽宁: 辽宁工程技术大学, 2013.

[70] 陈新忠, 张丽萍. 温度场对注气驱替煤层气运移影响的数值分析 [J]. 采矿与安全工程学报, 2014, 31 (5): 803-808.

[71] 张美红, 吴世跃, 李元星, 等. 煤层温度与瓦斯赋存状态和抽采率关系的实验研究 [J]. 中国煤炭, 2014, 40 (8): 97-100.

[72] 聂百胜, 杨涛, 李祥春, 等. 煤粒瓦斯解吸扩散规律实验 [J]. 中国矿业大学学报, 2013, 42 (6): 975-981.

[73] 刘彦伟, 魏建平, 何志刚, 等. 温度对煤粒瓦斯扩散动态过程的影响规律与机理 [J]. 煤炭学报, 2013 (S1): 100-105.

[74] 郭立稳, 肖藏岩, 刘永新. 煤孔隙结构对煤层中 CO 扩散的影响 [J]. 中国矿业大学学报, 2007, 36 (5): 636-640.

[75] Hodom B B, 宋士钊, 王佑安. 煤与瓦斯突出 [M]. 北京: 中国工业出版社, 1966.

[76] 李小彦, 解光新. 孔隙结构在煤层气运移过程中的作用: 以沁水盆地为例 [J]. 天然气地球科学, 2004, 15 (4): 341-344.

[77] 聂百胜, 何学秋, 王恩元. 瓦斯气体在煤层中的扩散机理及模式 [J]. 中国安全科学学报, 2000, 10 (6): 24-28.

[78] 陈瑞君, 王东安. 南桐矿区煤的微孔隙与瓦斯储集、运移关系 [J]. 煤田地质与勘探, 1995, 23 (2): 29-31.

[79] 范俊佳, 琚宜文, 侯泉林, 等. 不同变质变形煤储层孔隙特征与煤层气可采性 [J]. 地学前缘, 2010, 17 (5): 325 – 335.

[80] 琚宜文, 李小诗. 构造煤超微结构研究新进展 [J]. 自然科学进展, 2009, 19 (2): 131 – 140.

[81] 霍永忠. 煤储层的气体解吸特性研究 [J]. 天然气工业, 2004, 24 (5): 24 – 26, 145.

[82] 郭晓华, 蔡卫, 马尚权, 等. 不同煤种微孔隙特征及其对突出的影响 [J]. 中国煤炭, 2009, 35 (12): 82 – 85.

[83] 周世宁, 孙辑正. 煤层瓦斯流动理论及其应用 [J]. 煤炭学报, 1965, 2 (1): 24 – 36.

[84] 李云波. 构造煤瓦斯解吸初期特征实验研究 [D]. 河南: 河南理工大学, 2011.

[85] 迟雷雷, 王启飞, 王菲茵, 等. 煤的瓦斯解吸扩散规律实验研究 [J]. 煤矿安全, 2013, 44 (12): 1 – 3, 10.

[86] 陈向军, 贾东旭, 王林. 煤解吸瓦斯的影响因素研究 [J]. 煤炭科学技术, 2013, 41 (6): 50 – 53, 79.

[87] 林柏泉, 何学秋. 煤体透气性及其对煤与瓦斯突出的影响 [J]. 煤炭科学技术, 1991 (4): 50 – 53, 63.

[88] 钟玲文, 郑玉柱, 员争荣, 等. 煤在温度和压力综合影响下的吸附性能及气含量预测 [J]. 煤炭学报, 2002, 27 (6): 581 – 585.

[89] H. F. 雅纳斯, 于策. 煤样的瓦斯解吸过程 [J]. 煤炭工程师, 1992 (2): 52 – 56.

[90] BIELICKI R, PERKINS J, KISSELL F. Methane diffusion parameters for sized coal particles: a measuring apparatus and some preliminary results [R]. U. S.: Pittsburgh, PA, 1972.

[91] NANDI S P, WALKER JR P L. Activated diffusion of methane in coal [J]. Fuel, 1970, 49 (3): 309 – 323.

[92] CRANK J. The mathematics of diffusion [M]. England: Oxford university press, 1979.

[93] 渡边伊温, 辛文. 关于煤的瓦斯解吸特征的几点考察 [J]. 煤矿安全, 1985 (4): 52 – 60.

[94] 曹垚林, 仇海生. 碎屑状煤芯瓦斯解吸规律研究 [J]. 中国矿业, 2007, 16 (12): 119 – 123.

[95] 周世宁. 瓦斯在煤层中流动的机理 [J]. 煤炭学报, 1990, 15 (1): 15 – 24.

[96] 李一波, 郑万成, 王凤双. 煤样粒径对煤吸附常数及瓦斯放散初速度的影响 [J]. 煤矿安全, 2013 (1): 5 – 8.

[97] 王玉. 钻屑瓦斯解吸指标 Δh_2 测定影响因素研究 [D]. 河南: 河南理工大学, 2011.

[98] 刘彦伟. 煤粒瓦斯放散规律、机理与动力学模型研究 [D]. 河南: 河南理工大学, 2011.

[99] 李建功. 不同煤屑形状对瓦斯解吸扩散规律影响的数学模拟 [J]. 煤矿安全, 2015, 46 (1): 1 – 4.

[100] 吴冬梅, 程远平, 安丰华. 由残存瓦斯量确定煤层瓦斯压力及含量的方法 [J]. 采矿与安全工程学报, 2011, 28 (2): 315 – 318.

[101] 孙重旭. 煤样解吸瓦斯泄出的研究及其突出煤层煤样瓦斯解吸的特点 [C]. 重庆: 煤炭科学研究总院重庆分院, 1983.

[102] BARRER R M. Diffusion in and through solids [M]. England: Cambridge University Press, 1951.

[103] AIREY E M. Gas emission from broken coal. An experimental and theoretical investigation [J]. International Journal of Rock Mechanics and Mining Sciences & Geomechanics Abstracts, 1968, 5 (6): 475 - 494.

[104] 宋世钊. 煤矿沼气涌出 [M]. 北京: 煤炭工业出版社, 1983.

[105] BOLT B A, INNERS J A. Diffusion of carbon dioxide from coal [J]. Fuel, 1959, 38: 28 - 31.

[106] 唐本东. 用解吸仪在工作面前方测定煤层瓦斯含量 [J]. 煤矿安全, 1985 (12): 40 - 43.

[107] 邵军. 关于煤屑瓦斯解吸经验公式的探讨 [J]. 煤炭工程师, 1989 (3): 21 - 27.

[108] 杨其銮. 煤屑瓦斯放散随时间变化规律的初步探讨 [J]. 煤矿安全, 1986 (4): 3 - 11.

[109] 缑发现, 贾翠芝, 杨昌光. 用直接法测定煤层瓦斯含量来推算损失量的方法 [J]. 煤矿安全, 1997 (7): 9 - 11.

[110] WAECHTER N B, HAMPTON III G, SHIPPS J C, et al. Comparison of lost gas projections in coalbed methane [C]. Denver: AAPG, 2004.

[111] WAECHTER N B, HAMPTON G L, SHIPPS J C. Overview of coal and shale gas measurement: field and laboratory procedures [J]. Direct, 2004, 1 - 17.

[112] 刘永茜. 钻屑法测定瓦斯含量存在问题分析及改进 [J]. 煤炭科学技术, 2014, 42 (6): 136 - 139.

[113] 陈绍杰, 陈学习, 高亮. 两种取样方式测定煤层瓦斯含量对比分析 [J]. 煤矿安全, 2014, 45 (5): 159 - 162.

[114] 陈大力, 陈洋. 对我国煤层瓦斯含量测定方法的评述 [J]. 煤矿安全, 2008, 39 (12): 79 - 82.

[115] 煤科总院抚顺分院, 瓦斯预测组. GWRVK - 1 型瓦斯解吸仪 [J]. 煤矿安全, 1991 (5): 11 - 13.

[116] 胡千庭, 邹银辉, 文光才, 等. 瓦斯含量法预测突出危险新技术 [J]. 煤炭学报, 2007, 32 (3): 276 - 280.

[117] 邹银辉, 张庆华. 我国煤矿井下煤层瓦斯含量直接测定法的技术进展 [J]. 矿业安全与环保, 2009, 36 (增): 180 - 183.

[118] 袁亮, 薛生, 谢军. 瓦斯含量法预测煤与瓦斯突出的研究与应用 [J]. 煤炭科学技术, 2011, 39 (3): 47 - 51.

[119] 黑磊. 煤矿井下煤层密闭取心技术及应用 [J]. 陕西煤炭, 2014, 33 (2): 60 - 62.

[120] 陈绍杰, 徐阿猛, 陈学习, 等. 反转密封取样装置 [J]. 煤矿安全, 2012, 43 (10): 94 - 96.

[121] 刘瑞祺, 刘森林, 殷宝新. 大口径管井反循环钻进工艺 [J]. 工程勘察, 1981 (1): 34 - 37.

[122] 周曙春, 杜坤乾, 谢军. 正循环钻进、气举反循环清孔工艺施工应用 [J]. 岩土工程学报, 2011, 33 (增2): 166 – 168.

[123] 刘广志. 砂矿钻探新方法: 中心取样 (CSR) 钻探法 [J]. 地质与勘探, 1987 (5): 66 – 68.

[124] 李大用. 反循环钻探技术的应用与发展 [J]. 探矿工程, 1980 (1): 15, 24 – 26.

[125] 尚占魁. 海洋双通道钻杆反循环 MPD 工艺技术初探 [D]. 青岛: 中国石油大学, 2011.

[126] 吴晶晶. 超前侧喷取心钻具的研制 [D]. 中南大学, 2013.

[127] 关晓琳. 多孔环隙喷射式反循环钻头结构设计及试验研究 [D]. 长春: 吉林大学, 2011.

[128] 施莉. 坑道钻探水力双循环双壁钻具设计 [D]. 长沙: 中南大学, 2012.

[129] 刘广志. 特种钻探工艺学 [M]. 上海: 上海科学技术出版社, 2005.

[130] 韩烈祥, 孙海芳. 气体反循环钻井技术发展现状 [J]. 钻采工艺, 2008, 31 (5): 1 – 5.

[131] 郑石仁. 喷射式孔底反循环钻进技术 [M]. 北京: 地质出版社, 1984.

[132] 张晓西. 中心取样钻进技术成果与开发前景 [J]. 探矿工程, 1999 (增): 158 – 163.

[133] 潘殿琦, 蒋荣庆, 殷琨. 贯通式潜孔锤气力喷反钻具系统 [J]. 探矿工程, 1997 (4): 32 – 39.

[134] 蒋荣庆, 殷琨, 王茂森. FGC – 15 型大直径单头潜孔锤钻具系统研制 [J]. 探矿工程, 1995 (5): 17 – 19, 47.

[135] 蒋荣庆, 殷琨, 王茂森. 气动贯通式潜孔锤反循环连续取心 (样) 钻具系统研制及使用效果 [J]. 地质与勘探, 1996, 32 (3): 55 – 60.

[136] 蒋荣庆, 殷琨. 贯通式气动潜孔锤反循环连续取心 (样) 钻进在水文水井钻中的应用 [J]. 探矿工程, 1991 (6): 14 – 17.

[137] 雷恒仁. 钻探工程 "七五" 科技进展和主要成果 [J]. 探矿工程, 1991 (1): 22 – 27.

[138] 郑治川. 潜孔锤反循环跟管钻进技术的研究 [D]. 长春: 吉林大学, 2007.

[139] 郑英飞. 复式反循环钻头结构设计与仿真分析 [D]. 长春: 吉林大学, 2015.

[140] 王如生. 反循环强力气体喷射钻进技术理论及试验研究 [D]. 长春: 吉林大学, 2007.

[141] 朴金石. 贯通式潜孔锤钻进过程优化研究 [D]. 长春: 吉林大学, 2010.

[142] 范黎明. 贯通式潜孔锤钻头反循环机理研究及结构优化 [D]. 长春: 吉林大学, 2011.

[143] 任红. 贯通式潜孔锤反循环连续取心钻进取心机理研究 [D]. 长春: 吉林大学, 2008.

[144] 博坤. 贯通式潜孔锤反循环钻进技术钻具优化及应用研究 [D]. 长春: 吉林大学, 2009.

[145] 赵志强. 贯通式潜孔锤反循环取心关键技术与试验研究 [D]. 长春: 吉林大学, 2011.

[146] 王劲松. 快速钻孔用潜孔锤反循环钻头设计与试验研究 [D]. 长春: 吉林大学, 2015.

[147] 殷其雷. 潜孔锤反循环钻探工艺试验研究 [D]. 长春: 吉林大学, 2014.

[148] 王茂森. 全孔反循环潜孔锤参数优化及其钻进工艺研究 [D]. 长春: 吉林大学, 2007.

[149] ASTAKHOV V P, SUBRAMANYA P S, OSMAN M O M. On design of ejectors for deep hole maching [J]. Int. J. Mach. Tools Manufact, 1996, 36 (2): 155 – 171.

[150] ASTAKHOV V P, SUBRAMANYA P S, OSMAN M O M. An investigation of the cutting fluid flow in self – piloting drills [J]. Int. J. Mach. Tools Manufact, 1994, 35 (4): 547 – 563.

[151] Mackay P. Reverse circulation drilling avoids damage to low – pressure gas reservoirs [J]. World Oil, 2003, 224 (3): 71.

[152] 勘探技术研究所. 国外钻探技术情况简介 [J]. 勘探技术, 1973 (2): 40 – 43.

[153] 孙孝庆. 国外工程钻发展概况与灌注桩钻孔工艺概述 [J]. 国外地质勘探技术, 1983 (6): 3 – 7.

[154] 谈耀麟. 澳大利亚高级钻探技术会议纪实 [J]. 矿产地质研究院学报, 1985 (1): 55 – 59.

[155] 何宜章. 国外地质钻探技术的进步 [J]. 探矿工程, 1987 (6): 17 – 21.

[156] 耿瑞伦. 国外空气钻进发展现状 [J]. 探矿工程, 1989 (10): 1 – 7.

[157] 袁亮, 薛生. 煤层瓦斯含量法预测煤与瓦斯突出理论与技术 [M]. 北京: 科学出版社, 2014.

[158] 胡振阳. 本煤层空气反循环钻具的研究及应用 [J]. 煤炭工程, 2011 (4): 116 – 118.

[159] 戴扬. 不同取样方法瓦斯含量测定对比分析 [J]. 中州煤炭, 2012 (12): 31 – 32.

[160] 杨伦, 谢一华. 气力输送工程 [M]. 北京: 机械工业出版社, 2006.

[161] 徐凯, 赫永鹏, 等. 环形管道的阻力计算及模拟分析 [J]. 长春工程学院学报 (自然科学版), 2015, 16 (2): 51 – 55.

[162] 于文艳, 田瑞, 等. 喷射器流动结构和性能的数值模拟研究 [J]. 工程热物理学报, 2012, 33 (11): 1881 – 1883.

[163] 余志宏. 基于 Fluent 的喷射器数值模拟与结构优化研究 [D]. 无锡: 江南大学, 2011.

[164] 季红军, 陶乐仁, 等. 喷嘴位置对喷射器的性能影响的研究 [J]. 制冷, 2007, 26 (4): 16 – 19.

[165] WEISHAUPTOVÁ Z, MEDEK J. Bound forms of methane in the porous system of coal [J]. Fuel, 1998, 77 (1): 71 – 76.

[166] 周世宁, 林柏泉. 煤层瓦斯赋存与流动理论 [M]. 北京: 煤炭工业出版社, 1999.

[167] 何满潮, 王春光, 李德建, 等. 单轴应力 – 温度作用下煤中吸附瓦斯解吸特征 [J]. 岩石力学与工程学报, 2010, 29 (5): 865 – 872.

[168] 易俊. 声震法提高煤层气抽采率的机理及技术原理研究 [D]. 重庆: 重庆大学, 2007.

[169] 邹艳荣, 杨起. 煤中的孔隙与裂隙 [J]. 中国煤田地质, 1998, 10 (4): 39 – 40, 48.

[170] 吕志发, 张新民, 钟铃文, 等. 块煤的孔隙特征及其影响因素 [J]. 中国矿业大学学报, 1991, 20 (3): 48 – 57.

[171] 于不凡. 煤矿瓦斯灾害防治及利用技术手册 [M]. 北京: 煤炭工业出版社, 2005.

[172] 张素新, 肖红艳. 煤储层中微孔隙和微裂隙的扫描电镜研究 [J]. 电子显微学报, 2000, 19 (4): 531 – 532.

[173] WEBER W J, SMITH E H. Simulation and design models for adsorption processes [J]. Environmental science & technology, 1987, 21 (11): 1040 – 1050.

［174］聂百胜, 何学秋, 王恩元. 瓦斯气体在煤层中的扩散机理及模式［J］. 中国安全科学学报, 2000, 10 (6): 27 – 31.

［175］S, Liu D, Cai Y, et al. 3D characterization and quantitative evaluation of pore – fracture networks of two Chinese coals using FIB – SEM tomography［J］. International Journal of Coal Geology, 2017, 174: 41 – 54.

［176］聂百胜, 李祥春, 崔永君, 等. 煤体瓦斯运移理论及应用［M］. 北京: 科学出版社, 2014.

［177］吴克柳, 李相方, 陈掌星. 页岩气纳米孔气体传输模型［J］. 石油学报, 2015, 36 (7): 837 – 848, 889.

［178］GAD – EL – HAK M. The fluid mechanics of microdevices – the freeman scholar lecture［J］. Transactions – American Society of Mechanical Engineers Journal of FLUIDS Engineering, 1999, 121: 5 – 33.

［179］METZLER R, KLAFTER J. The random walk's guide to anomalous diffusion: a fractional dynamics approach［J］. Physics reports, 2000, 339 (1): 1 – 77.

［180］PEARSON K. The problem of the random walk［J］. Nature, 1905, 72 (1865): 294.

［181］宗涵. 热力学与统计物理学［M］. 北京: 北京大学出版社, 2007.

［182］EINSTEIN A. Investigations on the theory of the Brownian movement［M］. Hawaii: Courier Corporation, 1956.

［183］KUSUMI A, SAKO Y, YAMAMOTO M. Effects of calcium – induced differentiation in cultured epithelial cells［J］. Biophysical journal, 1993, 65 (5): 2021 – 2040.

［184］SAXTON M J. Single – particle tracking: effects of corrals［J］. Biophysical journal, 1995, 69 (2): 389.

［185］HUGHES B D. Random walks and random environments［M］. Oxford: Clarendon press, 1996.

［186］SALMAN H, GIL Y, GRANEK R, et al. Microtubules, motor proteins, and anomalous mean squared displacements［J］. Chemical physics, 2002, 284 (1): 389 – 397.

［187］MEHRABI A R, SAHIMI M. Coarsening of heterogeneous media: application of wavelets ［J］. Physical review letters, 1997, 79 (22): 4385.

［188］SAHIMI M. Fractal and superdiffusive transport and hydrodynamic dispersion in heterogeneous porous media［J］. Transport in porous Media, 1993, 13 (1): 3 – 40.

［189］LEVITZ P. From Knudsen diffusion to Levy walks［J］. EPL (Europhysics Letters), 1997, 39 (6): 593.

［190］BONILLA M R, BHATIA S K. Multicomponent effective medium – correlated random walk theory for the diffusion of fluid mixtures through porous media［J］. Langmuir, 2011, 28 (1): 517 – 533.

［191］杨其銮, 王佑安. 瓦斯球向流动的数学模拟［J］. 中国矿业学院学报, 1988 (3): 58 – 64.

[192] 聂百胜，王恩元，郭勇义，等. 煤粒瓦斯扩散的数学物理模型 [J]. 辽宁工程技术大学学报（自然科学版），1999，18（6）：582 – 585.

[193] Busch, A. and Y. Gensterblum (2011). "CBM and CO2 – ECBM related sorption processes in coal: A review." International Journal of Coal Geology 87（2）：49 – 71.

[194] Charrière, D. , Z. Pokryszka and P. Behra (2010). "Effect of pressure and temperature on diffusion of CO2 and CH4 into coal from the Lorraine basin (France)." International Journal of Coal Geology 81（4）：373 – 380.

[195] PEPPAS N A, SAHLIN J J. A simple equation for the description of solute release. III. Coupling of diffusion and relaxation [J]. International Journal of Pharmaceutics, 1989, 57（2）：169 – 172.

[196] BUFFHAM B A. The size and compactness of particles of arbitrary shape: application to catalyst effectiveness factors [J]. Chemical Engineering Science, 2000, 55（23）：5803 – 5811.

[197] 马正飞，姚虎卿，孔庆震. 不同形状吸附剂的双孔吸附动力学探讨 [J]. 南京工业大学学报（自然科学版），1986，8（4）：49 – 58.

[198] SIEPMANN J, SIEPMANN F. Modeling of diffusion controlled drug delivery [J]. Journal of Controlled Release, 2012, 161（2）：351 – 362.

[199] 杨新乐. 低渗透煤层煤层气注热增产机理的研究 [D]. 辽宁：辽宁工程技术大学，2009.

[200] 马玉林，张永利，程瑶，等. 低渗透煤层瓦斯解吸渗流规律的实验研究 [J]. 煤矿安全，2009，40（4）：1 – 4.

[201] 申建. 论深部煤层气成藏效应 [J]. 煤炭学报，2011，36（9）：1599 – 1600.

[202] 刘瑞珍. 淮南煤田谢一矿 11 煤瓦斯渗透特性研究 [D]. 淮南：安徽理工大学，2010.

[203] BORÓWKO M, BOROWKO P, RZYSKO W. Adsorption from binary solution in slit shaped pores [J]. Berichte der Bunsengesellschaft für physikalische Chemie, 1997, 101（7）：1050 – 1056.

[204] JARONIEC M, DERYŁO A. Application of Dubinin—Radushkevich—type equation for describing bisolute adsorption from dilute aqueous solutions on activated carbon [J]. Journal of Colloid and Interface Science, 1981, 84（1）：191 – 195.

[205] 张宪尚. 煤屑瓦斯解吸动力学特征参数与瓦斯含量的关系模型 [D]. 北京：煤炭科学研究总院，2013.

[206] 张宪尚，文光才，隆清明，等. 煤层钻屑粒度分布规律实验研究 [J]. 煤炭科学技术，2013，41（2）：60 – 63.

[207] 王耀锋. 煤层原始瓦斯含量测定方法及误差影响因素研究 [D]. 阜新：辽宁工程技术大学，2005.

[208] 张家荣，赵廷元. 工程常用物质的热物理性质手册 [M]. 北京：新时代出版社，1987.